窗帘
制作教程
CURTAIN
DESIGN mANUAL

曾裕城　著

江苏凤凰科学技术出版社

目录 CONTENTS

1 如何开一家窗帘店

1 章 如何开一家窗帘店

一、市场调查 | 二、投资规划 | 三、店面租赁 | 四、装修设计
五、技术培训 | 六、进货规划 | 七、大样设计制作 | 八、开业筹备

一、市场调查

有很多朋友跟编者说："我想开一家窗帘店，但不知能不能开，怎么开，能不能赚钱。"究其原因就是对开窗帘店这件事的整体规划还不清楚，所以摇摆不定，不知何去何从。此时到底应该做哪些事来确定我们的想法到底可不可行，能不能行，最直接的方法就是做个市场调查。

首先要确定窗帘店开在哪里，是开在一线城市、二线城市、县城还是乡镇？确定好了要开在哪里以后，再去看一下准备开店的地方，方圆3 km 的范围内有几家窗帘店，其中做高端的有

几家，中端的有几家，低端的又有几家。还要了解每家主销的产品价格，及做一套窗帘的总价格。可以报一个窗帘的规格要店主报价，从报价单可以看出每个店的计价方法及利润。

其次要了解一下各家店的进货渠道，是在省一级的城市进货还是在当地的批发市场进货。最后还要掌握他们业务量的大小，可以采取蹲守的方式，看一下每个窗帘店的人流量和每天的安装量，从而推算出每个月的总销售。

现在每个城市都有专业的窗帘安装工，也可以

向他们打听一下各家窗帘店每个月的窗帘安装量，从而测算出大约的销售量，还可以问一下快递和货运部，从而知道每个店每月的进货量，这样就可以从侧面了解到店铺销量，从而推算出利润。

通过这样的调查，就能确定自己能不能开窗帘店了，从而帮助自己下定决心从事这个行业，接下来就要进行具体的操作了。

二、投资规划

确定要开窗帘店了，但具体要开一个什么样的店呢？定位为高端、中端还是低端呢？有的朋友为了减少风险，会选择开一家低端一点的，认为这样投资少一些，风险也会小一点。其实投资的大小和风险的大小是没有关系的，关键

是要找好切入点，如果低端的店很多，竞争很激烈，那就不要再开同类的，可以考虑开一家中高端的。只有找准了切入点，风险才是可控的，开店是为了赚更多的钱，而不是为了省钱。但也要量力而行，有多少钱办多大的事。不能大

量举债开店，除非有很大的信心或者很有经验。不然，压力太大了，会影响很多决定，从而导致创业失败。

三、店面租赁

开窗帘店的位置有下列几个地方可供选择：
1. 窗帘一条街。这是窗帘店聚集的地方，市场已经成熟，当地人一提到做窗帘，就想到那边有很多店。很多顾客，除非是有熟悉的店，基本都会走好几家才会确定在哪儿做，这样就可以得到很多自然上门的客户。当然，店多的地方竞争也是相对激烈的。

2. 建材市场。窗帘是家居装修的最后一个环节。把店开在建材市场，客户在买建材的时候，也可能到该店参观，这样就可以最先接触到有需要的客户，留下联系方式，然后主动跟踪，从而促进订单形成。

3. 当地比较知名、人们常去的繁华街区。窗帘

的消费人群都是本地居住的人，所以在当地人休闲、购物比较集中的区域开店是很好的选择。并且周围有人人都熟知的建筑，做广告的时候，一说地址，人家都知道。

4. 大型的超市、农贸市场、小学校园附近。这样的地方当地人比较集中，并且小学生一般家

长都会接送，来来回回，大家也都知道这家窗帘店了，有采购需求的时候也会前来。

5.小区店。在新建的小区开窗帘店，这样的店需要跟紧客户，好处是投资小，坏处是面对的客户群体有限，并且销售的价格可能做不了太高。在小区开店，一定要和小区的业主熟悉，好做业务。

四、装修设计

很多窗帘店对装修不重视，随便用扣板吊个顶，然后沿着店面四周的墙挂一溜窗帘布，全部都是打孔穿杆的帘，没有什么款式，也没有什么灯光，这样把布挂出来，根本没有什么效果。

所有的产品都需要包装，窗帘店也是一样，装修就是对店面的包装。只有好的装修，才能把窗帘的特点和美展示出来，客户才有可能喜欢，从而选用，所以一定要重视窗帘店的装修。

有的店主装修时，为了省钱，就让承接工程的装修公司出设计图。较大型的装修公司出的图还好，但有的小公司，特别是一些装修"游击队"，

因为没有或者很少做店面设计，尤其是专业的窗帘店面设计，往往导致钱花了，装出来的效果却一点也不好。

所以，店面的装修设计要找专业的窗帘店面设计师去设计，这样才能达到更好的利用率和更好的效果。做好了设计图，再找装修公司报价，有了统一的标准，报价也能更加准确，从而找到更加优惠的装修队。有了好的装修图，只需要按图去做，避免装了改、改了装这样费时费力的麻烦，从而花最少的钱，装出最好的效果。

下面是一个小型窗帘店的部分图纸：

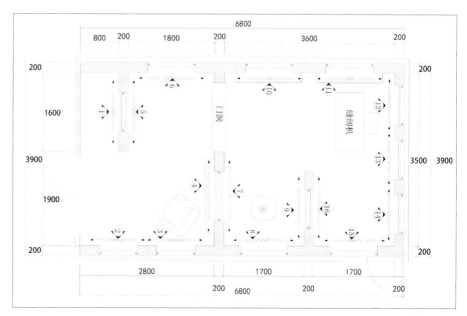

窗帘摆位图

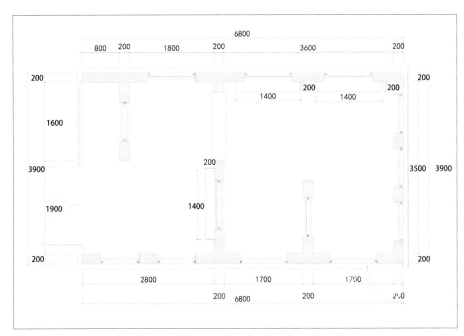

窗帘尺寸图

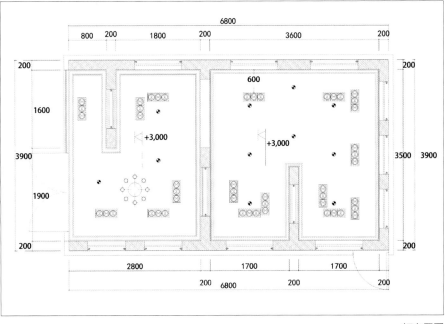

灯布置图

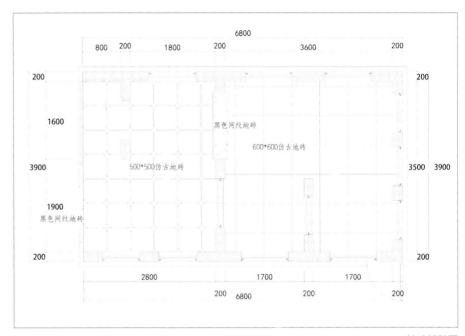

地砖铺贴图

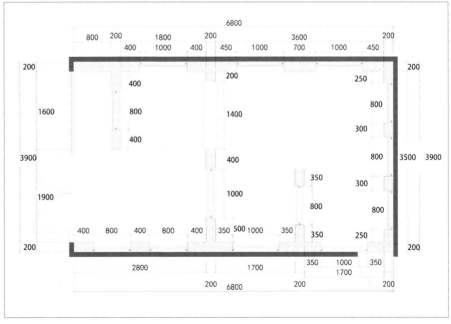

细节尺寸图

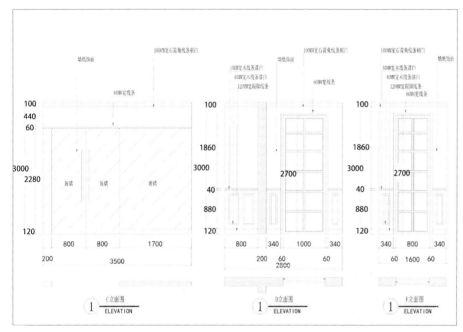

门、橱窗装修图

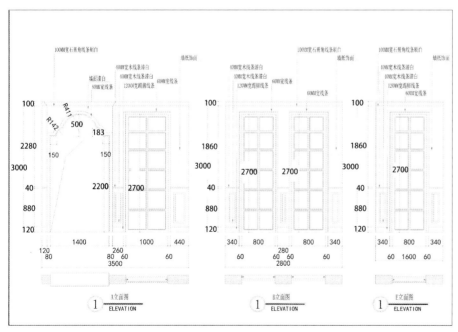

展位立面图

五、技术培训

窗帘店要想开得好，必须要具备专业的知识，因为窗帘都是半成品产品，货物拿来还要进行后期的加工，才能成为漂亮的、适合客户家居环境的窗帘。这就要求从业人员具备专业知识，窗帘的测量、款式的设计、色彩的搭配、造价的预算、裁剪、缝制、安装，这些都要懂。只有专业，才能获得客户的信任。

学习专业的技术，接受专业的培训有下列好处：

1. 可以变得更加专业，与客户洽谈的时候更容易赢得客户的信任，从而获取更多的订单。
2. 能够清楚地知道窗帘各方面的成本，灵活地掌握报价，提高成单率和利润率。
3. 方便管理员工，培养自己的团队。
4. 有效节约窗帘用料、降低成本、提高利润。
5. 更快地完成客户订单，提高资金的利用率。

六、进货规划

店面装修好了，也学好了技术，就应该考虑进货的问题了。考虑到成本和资金的问题，大家都希望花最少的钱，进更多品种的货，所以大部分人都喜欢去散剪（先剪一个 3 m 或者 6 m 的样品，挂在店里，然后有客户订货了，再叫批发商发货）。这样能以更少的资金把一家窗帘店开起来。

但散剪也有弊端：

（1）成本比较高，一般散剪都要加散剪费。
（2）运费的支出。
（3）产品的竞争力不强。因为散剪一般都是就近拿货，大部分进货渠道都集中在省级批发市场，你能拿到的货，隔壁店也可能拿到，只能靠低价去竞争。
（4）生产周期的延长。客户下了订单，要等批发商发货了才能制作，延长了订单完成周期，可能发生退单。
（5）供货不稳定。等到有客户下单才开始进货，如果赶上上游开发商存货不多，那这个订单就会很麻烦。

综上可知，散剪有很大的弊端。但如果全部整卷进货的话，资金积压又太大。那该怎么办呢？一般刚开始开店的时候，可以选择散剪这个方式。当做的有些经验的时候，也知道了当地市场的喜好，就可以选择一些主打产品整卷进货，然后辅助地进行产品散剪，相互协调会更好一些。

确定了进货的方式，还要根据店铺的规划，计划一下进什么样的货，比如田园风格的进几款，欧式风格的进几款，简欧风格的进几款、现代风格的进几款，等等。如果店面不大，一定要有自己的主打产品，不能每个品种都进，要有侧重地进货。确定要进哪些风格的货之后，每个风格要些什么色彩都要规划好。产品主要的进货时间，主打产品的进货价格都要统一规划好，列出进货清单，再到市场去进货。

七、大样设计制作

进好货之后，就要把面料加工成成品挂起来了。店里挂样的设计制作是很重要的，因为一款窗帘销得好不好，很大程度上取决于挂样做得好不好。样品做得好，款式设计得漂亮，做工精细，客户一进店就会被吸引，能更好地促进销售。店里大样的设计应该本着耐看、方便做、适合大小窗型的原则去进行设计。因为零售店不比批发店，批发店只要样品漂亮就好，零售店则既要考虑漂亮，又要方便制作，造价也不能太高。要能适应大小各种窗型，因为客户家的窗户有大有小，设计的款式应该方便各种大小窗的制作。

大样的大小一般是宽 1.5 m，高 2.8 m。有些欧式风格的可以做到 3 m 高，这样显得更修长、美观。大样的宽度一般不宜超过 1.5 米，如果太宽的话，空间有限，就只能减少挂样的数量了。大样用料，帘身宽度一般在 4~6 m 之间，这样用料适合 1~3 m 宽的窗，即使大样要处理，也很容易，因为现在的窗户大部分宽度都是在这个区间。

不管是中高端的窗帘店，还是低端的窗帘店，大样都必须要做得精致、漂亮，各种款式都要有，不能图简单省事，全部做成穿杆的。因为穿杆窗帘比较简单，有三四款就可以了，其他款式可以多做一些，不管多便宜的布料，只要款式做好了，一样很漂亮，这样既能吸引客户，又能体现店主的专业，从而促进更多的订单。

八、开业筹备

窗帘店装修好、店里大样挂好后，开业前半个月就要进行宣传了。印发一些产品介绍资料，到各个楼盘和小区去发放；和各个装修公司联系，订立异业联盟条约；和各个建材店联系，可以互相介绍客户；征集样板房开业等相关活动的消息。

店内的各种准备也要充分，开业前各种货品要备足，特别是促销的产品；员工也要严格培训，使之熟练掌握各种专业技能，比如测量、订单流程、加工流程及安装流程；培训店员熟悉店内各个产品的价格、面料特点、面料风格、适合使用的空间；找出每一种布的卖点并写出解说词。

 和窗帘有关的工作

2章

和窗帘有关的工作

第一节　窗帘的测量

一、立窗及卧窗的测量

1. 立窗示意图

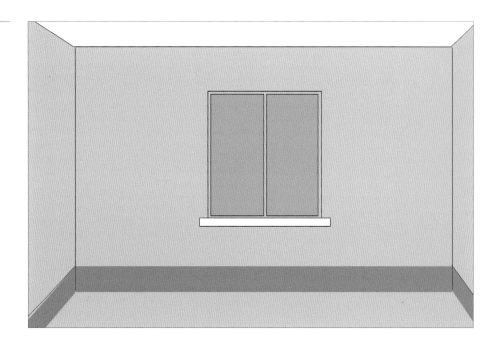

2. 卧窗示意图

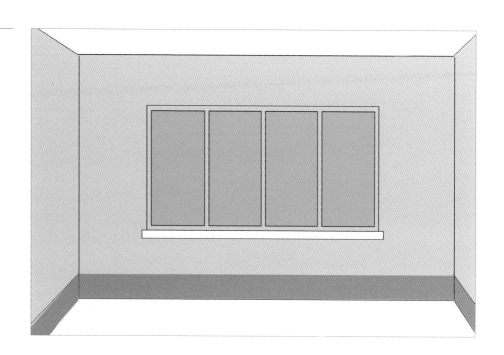

3. 满墙、非满墙,
落地、非落地测量示意图

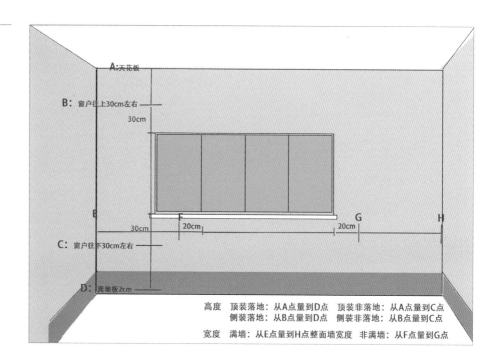

高度　顶装落地:从A点量到D点　　顶装非落地:从A点量到C点
　　　侧装落地:从B点量到D点　　侧装非落地:从B点量到C点

宽度　满墙:从E点量到H点整面墙宽度　　非满墙:从F点量到G点

4. 立窗顶装满墙落地测量

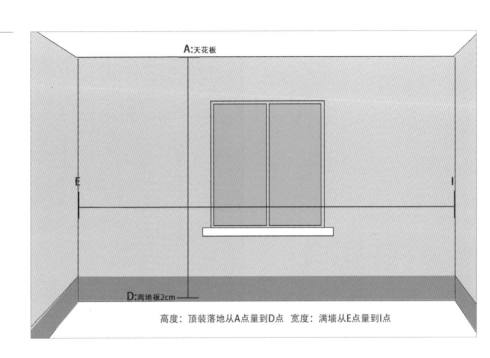

A:天花板

E

I

D:离地板2cm

高度：顶装落地从A点量到D点　宽度：满墙从E点量到I点

5. 立窗顶装满墙落地
   安装效果

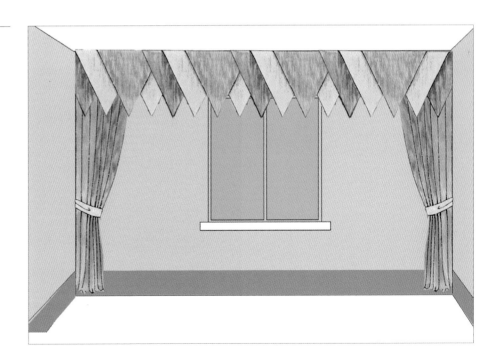

6. 卧窗顶装满墙落地测量

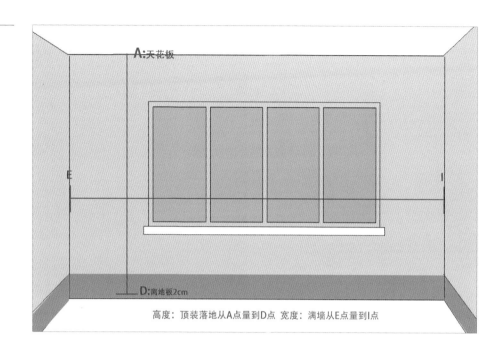

高度：顶装落地从A点量到D点 宽度：满墙从E点量到I点

7. 卧窗顶装满墙落地安装效果

8. 立窗侧装满墙落地测量

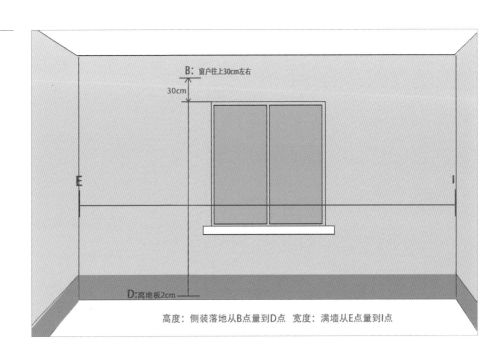

B：窗户往上30cm左右

30cm

E

D：离地板2cm

高度：侧装落地从B点量到D点　宽度：满墙从E点量到I点

9. 立窗侧装满墙落地
　　安装效果

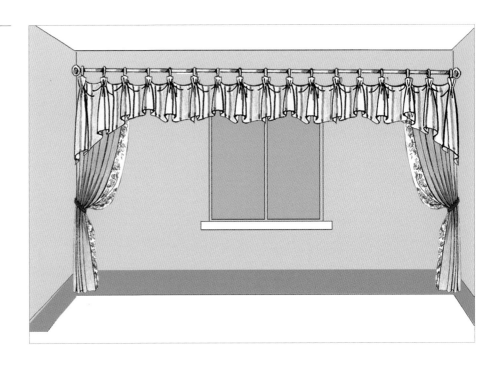

10. 卧窗侧装满墙落地测量

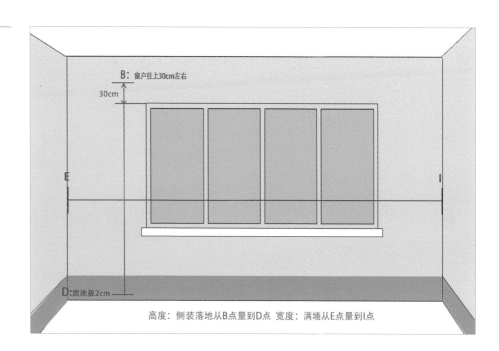

B：窗户往上30cm左右

30cm

E

D：离地板2cm

高度：侧装落地从B点量到D点　宽度：满墙从E点量到I点

11. 卧窗侧装满墙落地安装效果

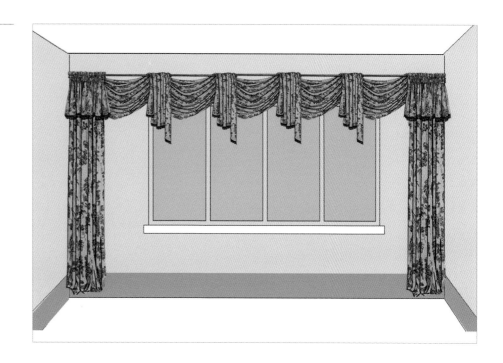

12. 立窗非满墙、非落地 侧装测量

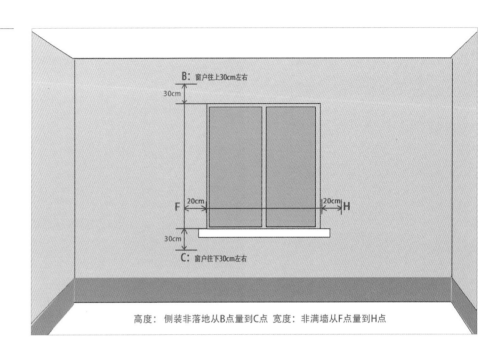

高度： 侧装非落地从B点量到C点　宽度：非满墙从F点量到H点

13. 立窗非满墙、非落地侧装 安装效果

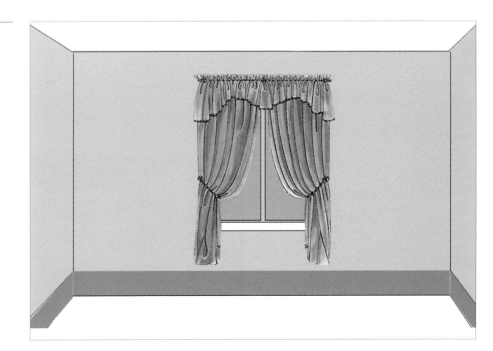

14. 卧窗非满墙、非落地侧装测量

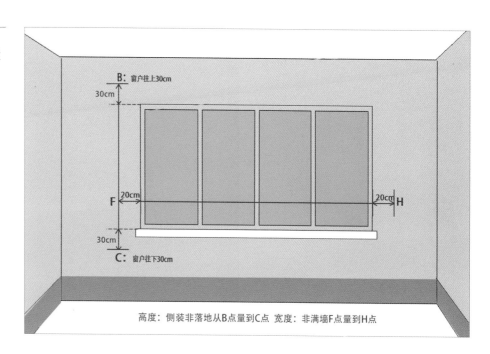

高度：侧装非落地从B点量到C点 宽度：非满墙F点量到H点

15. 卧窗非满墙、非落地侧装安装效果

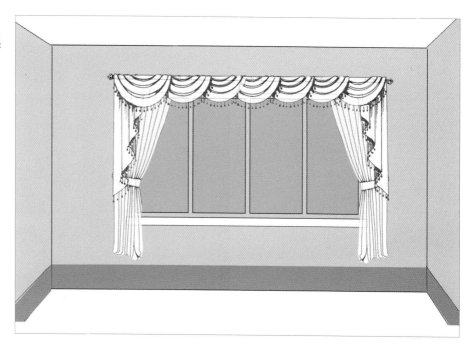

16. 立窗非满墙、非落地顶装测量

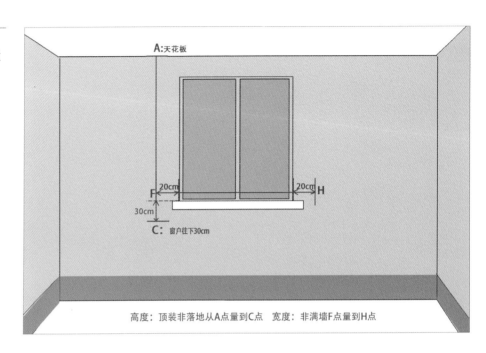

A:天花板

20cm   20cm H
F
30cm
C: 窗户往下30cm

高度：顶装非落地从A点量到C点   宽度：非满墙F点量到H点

17. 立窗非满墙、非落地
    顶装安装效果

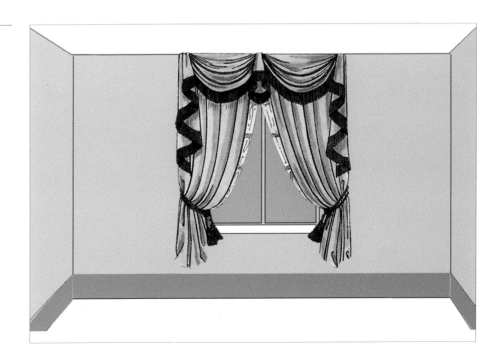

18. 卧窗非满墙、非落地顶装测量

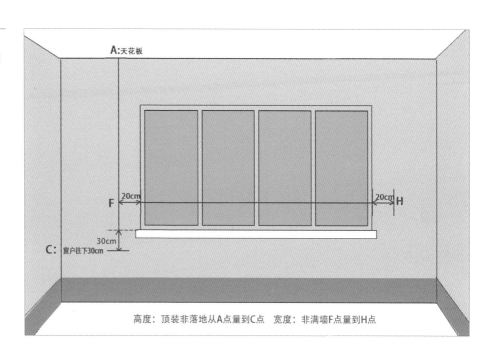

A:天花板

20cm   20cm
F   H

30cm

C: 窗户往下30cm

高度：顶装非落地从A点量到C点　宽度：非满墙F点量到H点

19. 卧窗非满墙、非落地顶装安装效果

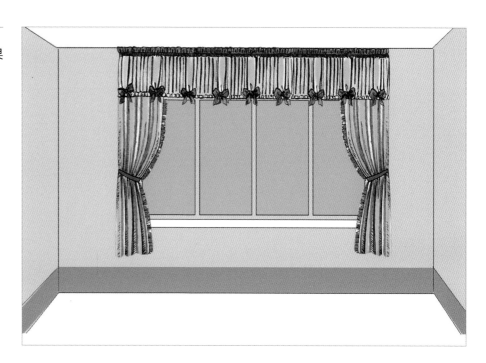

20. 立窗框内、框外测量

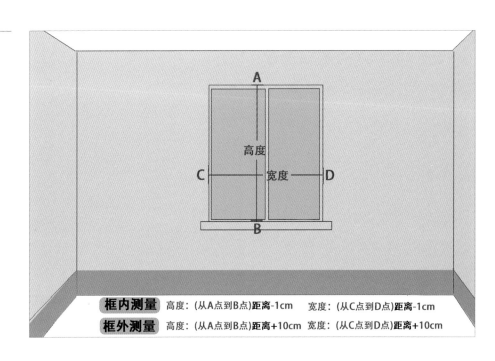

A

高度

C　　　　　宽度　　　　　D

B

框内测量 高度：(从A点到B点)**距离-1cm** 宽度：(从C点到D点)**距离-1cm**
框外测量 高度：(从A点到B点)**距离+10cm** 宽度：(从C点到D点)**距离+10cm**

21. 立窗框内、框外安装效果

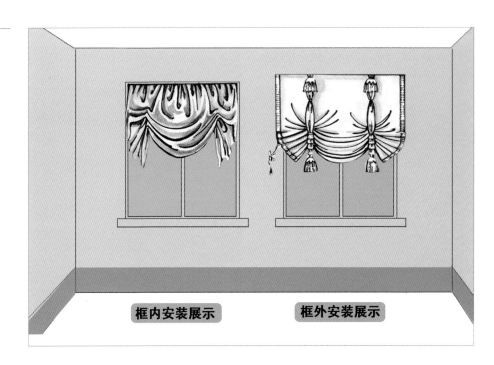

框内安装展示　　　　　　框外安装展示

22. 卧窗框内、框外测量

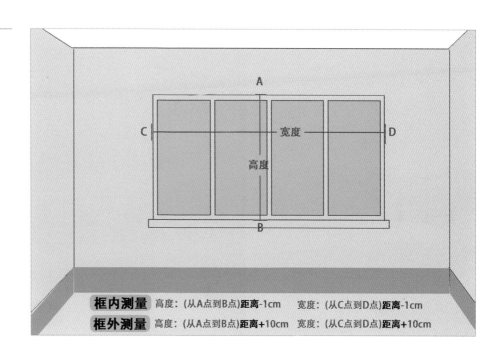

23. 卧窗框内、框外安装效果

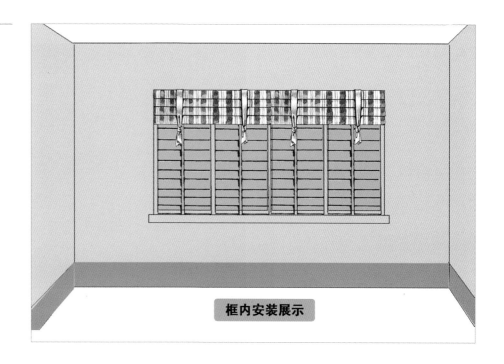

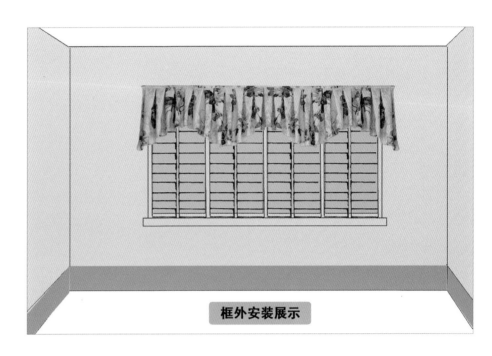

框外安装展示

24. 非标立窗的测量

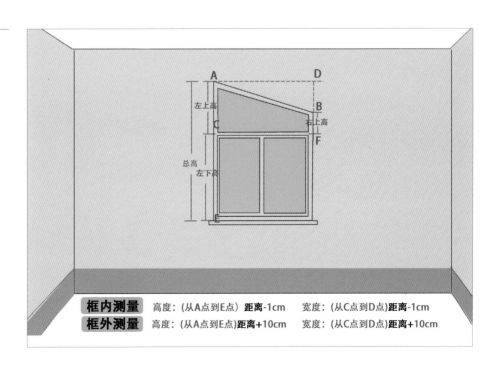

框内测量	高度：(从A点到E点) 距离-1cm	宽度：(从C点到D点) 距离-1cm
框外测量	高度：(从A点到E点) 距离+10cm	宽度：(从C点到D点) 距离+10cm

25. 非标立窗的安装效果

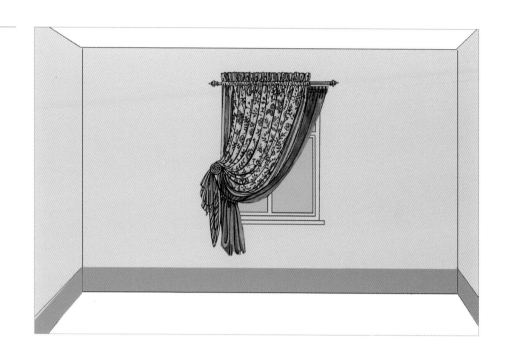

26. 拱形立窗的测量及安装效果

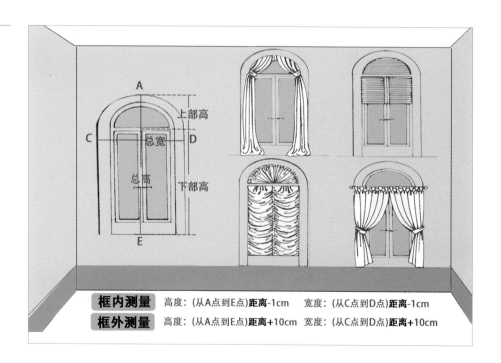

27. 拱形卧窗的测量

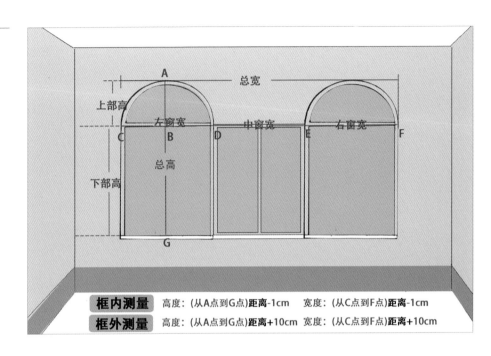

A 　总宽

上部高
左窗宽　　中窗宽　　右窗宽
C　B　D　　　E　　　F

总高

下部高

G

| 框内测量 | 高度：(从A点到G点)**距离-1cm** | 宽度：(从C点到F点)**距离-1cm** |
| 框外测量 | 高度：(从A点到G点)**距离+10cm** | 宽度：(从C点到F点)**距离+10cm** |

28. 拱形卧窗的安装效果

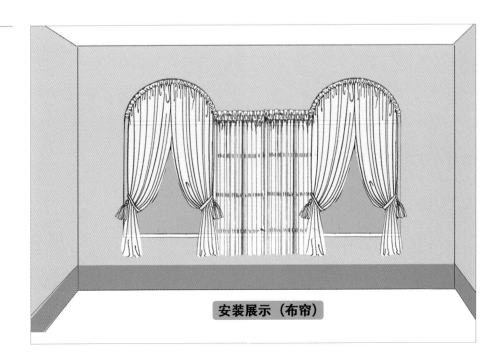

安装展示（布帘）

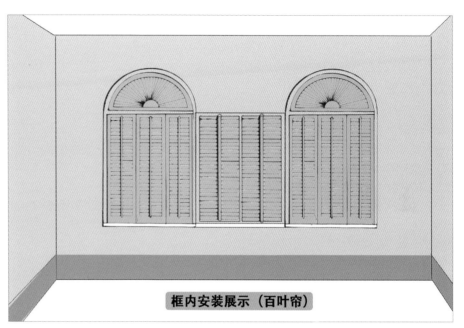

框内安装展示（百叶帘）

二、阳光窗、景观窗、飘窗的测量

飘窗的认识

飘窗

一般呈矩形或梯形向室外凸起，三面都装有玻璃。大块采光玻璃和宽敞的窗台，使人们有了更广阔的视野，赋予生活浪漫温馨的色彩。

作用

飘窗的三面都装有玻璃，窗台的高度比一般的窗户低。这样的设计既有利于大面积的玻璃采光，又保留了宽敞的窗台，使得室内空间在视觉上得以延伸。

类型

1）观赏型：全落地设计，不用在室内设计中再做改动，但要在布置上下点功夫，可以将飘窗改成卧榻。

2）娱乐型：大型转角的飘窗可设计成茶室，先按窗台的尺寸买一个薄薄的布艺坐垫，再购买一些同色系的方枕作靠背，最后在中间摆上一张日式小茶几。

3）实用型：如飘窗不大，离地又高，可在飘窗下做一排小柜子。

1. 飘窗及窗台测量

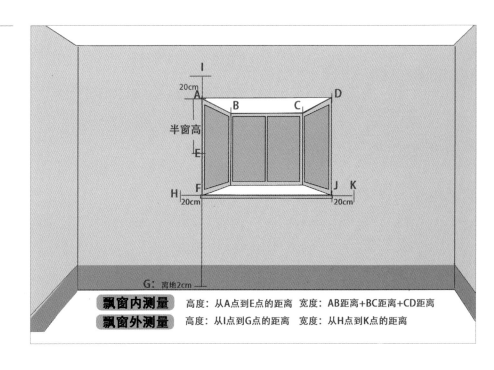

2. 飘窗测量及尺寸加减

纱轨长度：沿窗量出的尺寸 −（5 cm×4）

布轨长度：沿窗量出的尺寸 −（10 cm×4）

幔轨长度：沿窗量出的尺寸 −（13 cm×4）

注：安装码离窗的距离，按各种不同型号的安装码实际测量。

3. 飘窗半窗测量

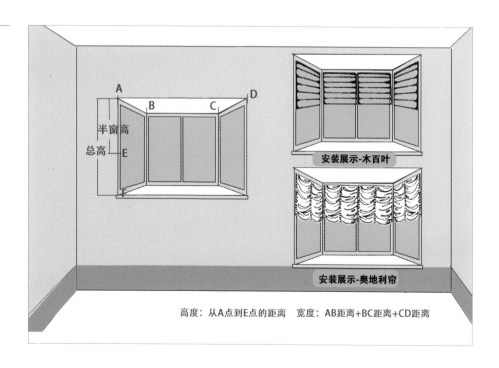

4.飘窗内、外安装测量

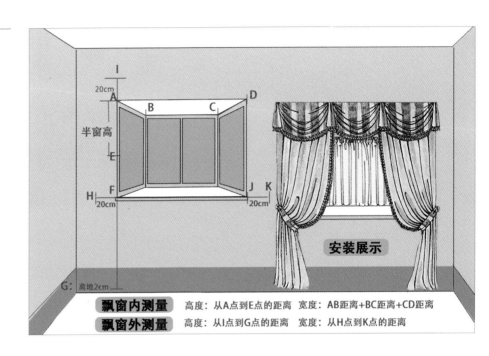

飘窗内测量　高度：从A点到E点的距离　宽度：AB距离+BC距离+CD距离
飘窗外测量　高度：从I点到G点的距离　宽度：从H点到K点的距离

5.阳光窗非落地测量

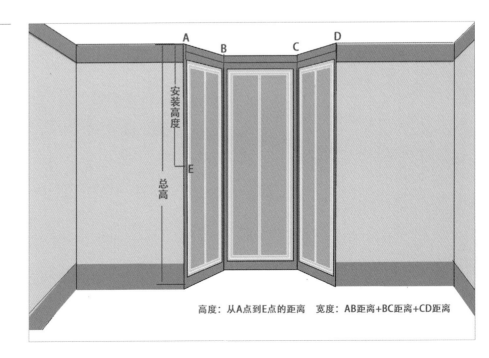

高度：从A点到E点的距离　宽度：AB距离+BC距离+CD距离

6. 阳光窗非落地安装效果

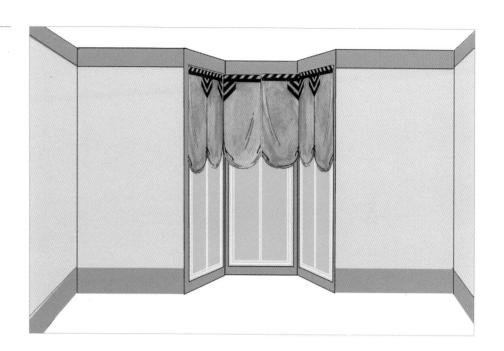

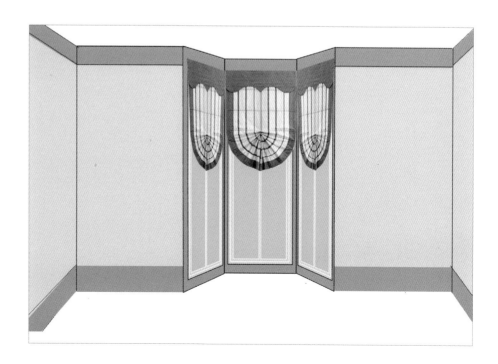

7. 阳光窗落地测量

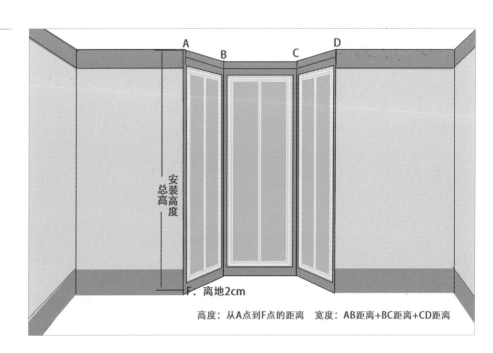

高度：从A点到F点的距离　　宽度：AB距离+BC距离+CD距离

8. 阳光窗落地安装效果

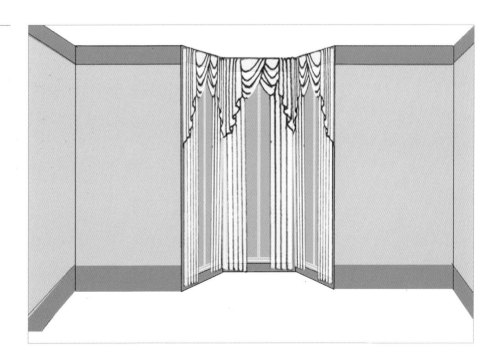

9. 阳光窗单片测量

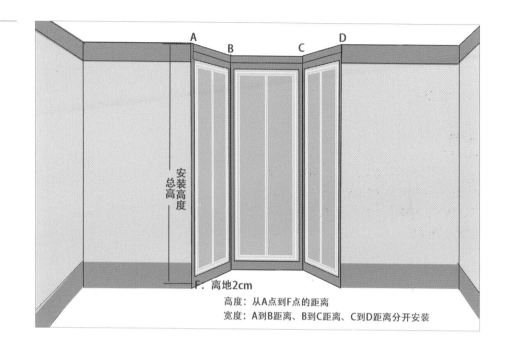

高度：从A点到F点的距离
宽度：A到B距离、B到C距离、C到D距离分开安装

10. 阳光窗单片安装效果

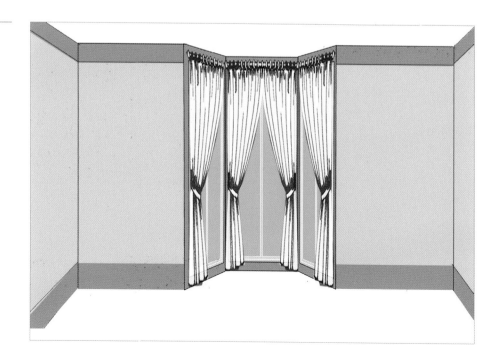

三、转角窗、L形窗、多边形窗的测量

转角窗的认识

转角窗

离地面约 60 cm，并且向外挑出 50 cm，窗台可以坐人，也可以摆放装饰品或其他物品。坐在室内觉得转角窗有无限的吸引力，90°的视野使得美丽的景色映入眼帘，尤其在冬天，阳光似乎更加温暖。

1. 转角窗非落地、落地测量

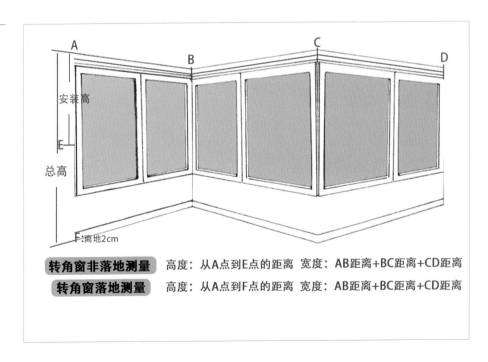

转角窗非落地测量	高度：从A点到E点的距离　宽度：AB距离+BC距离+CD距离
转角窗落地测量	高度：从A点到F点的距离　宽度：AB距离+BC距离+CD距离

2. 转角窗非落地安装效果

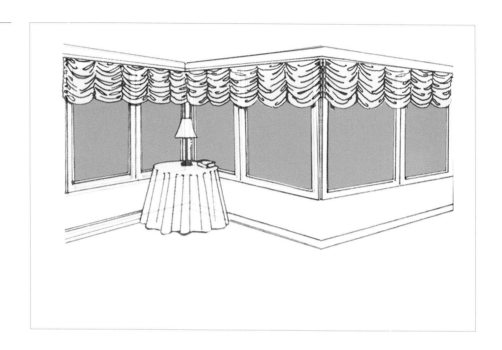

3. 转角窗落地安装效果

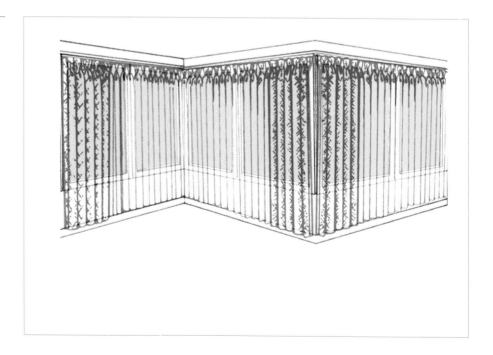

4. 转角窗单片、多片测量与安装

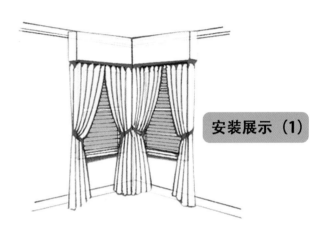

安装展示（1）

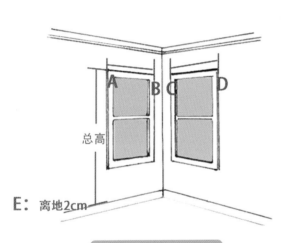

转角窗单片、多片测量

高度：从A点到E点的距离

宽度：单片A到B距离、C到D距离

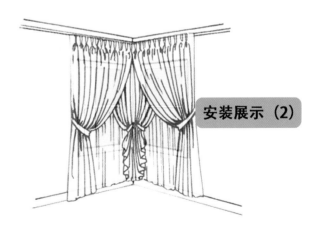

安装展示（2）

5.L 形窗的测量

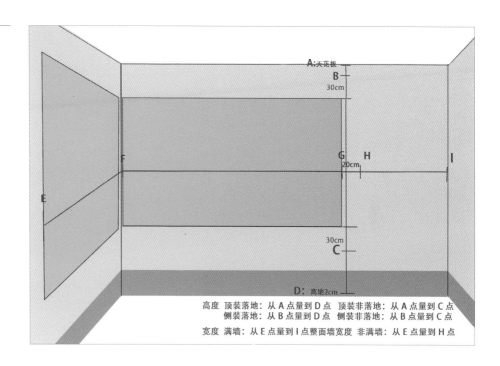

A:天花板
B
30cm
F
G
H
I
20cm
E
30cm
C
D: 离地2cm

高度 顶装落地：从 A 点量到 D 点 顶装非落地：从 A 点量到 C 点
侧装落地：从 B 点量到 D 点 侧装非落地：从 B 点量到 C 点

宽度 满墙：从 E 点量到 I 点整面墙宽度 非满墙：从 E 点量到 H 点

6.L 形窗的安装效果

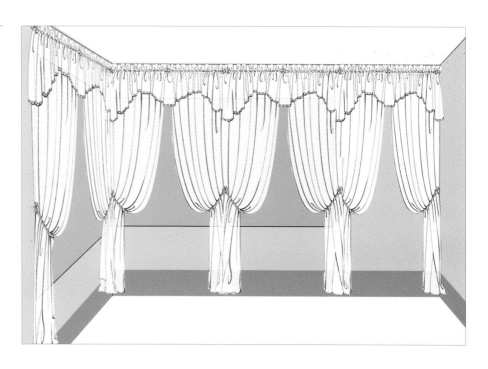

7. 多边形窗的测量

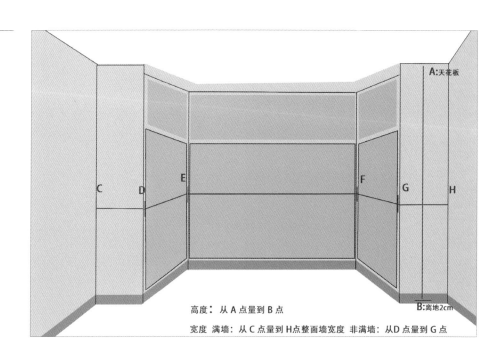

高度：从 A 点量到 B 点

宽度 满墙：从 C 点量到 H 点整面墙宽度 非满墙：从 D 点量到 G 点

8. 多边形窗的安装效果

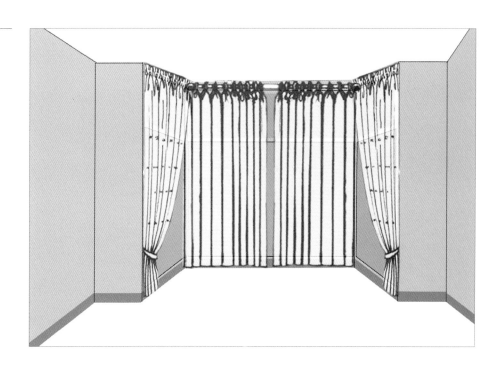

9. 有帘盒窗的宽度测量

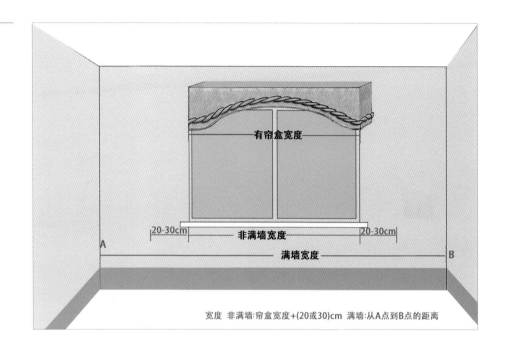

有帘盒宽度

20-30cm 非满墙宽度 20-30cm

A 满墙宽度 B

宽度 非满墙:帘盒宽度+(20或30)cm 满墙:从A点到B点的距离

10. 有帘盒窗的安装效果

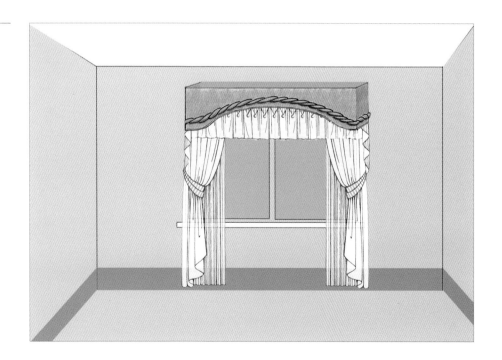

四、复杂窗形的窗帘解决方案

1. 尖顶窗测量（包含中间测量安装）

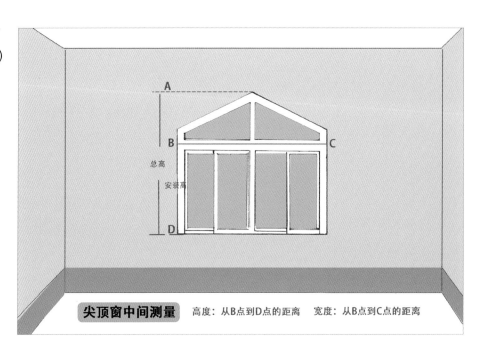

尖顶窗中间测量　　高度：从B点到D点的距离　　宽度：从B点到C点的距离

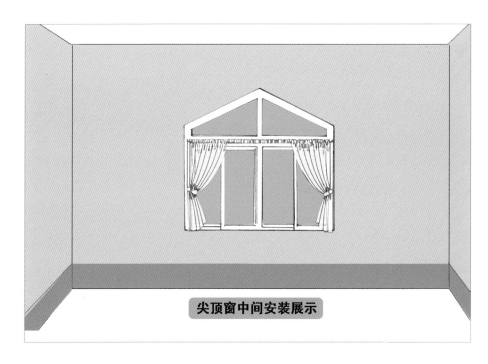

尖顶窗中间安装展示

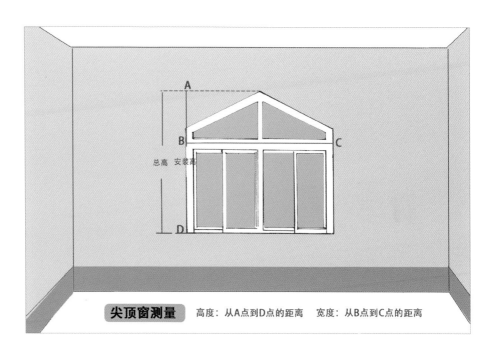

尖顶窗测量　高度：从A点到D点的距离　宽度：从B点到C点的距离

尖顶窗的窗帘安装效果

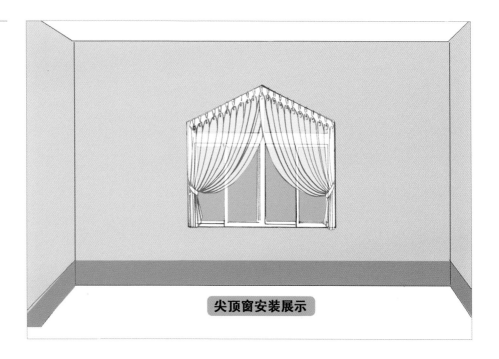

尖顶窗安装展示

2.门带窗的测量

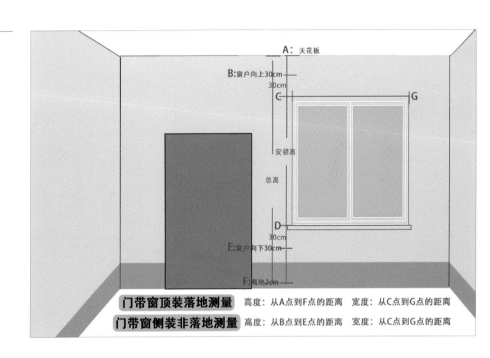

A: 天花板
B:窗户向上30cm
30cm
C
G
安装高
总高
D
30cm
E:窗户向下30cm
F:离地2cm

| 门带窗顶装落地测量 | 高度：从A点到F点的距离 | 宽度：从C点到G点的距离 |
| 门带窗侧装非落地测量 | 高度：从B点到E点的距离 | 宽度：从C点到G点的距离 |

门带窗的窗帘安装效果

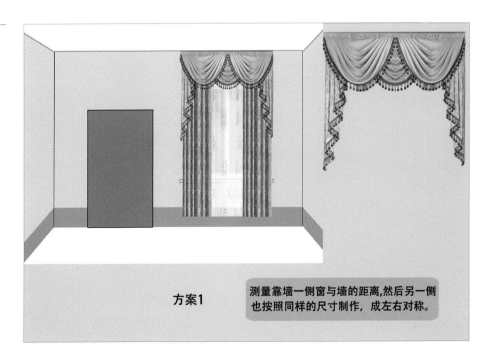

方案1

测量靠墙一侧窗与墙的距离,然后另一侧也按照同样的尺寸制作,成左右对称。

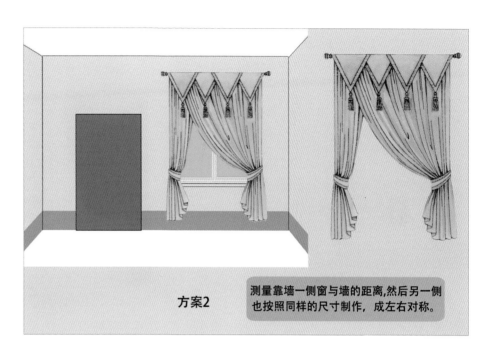

方案2

测量靠墙一侧窗与墙的距离,然后另一侧也按照同样的尺寸制作,成左右对称。

3. 中间有梁的窗户测量

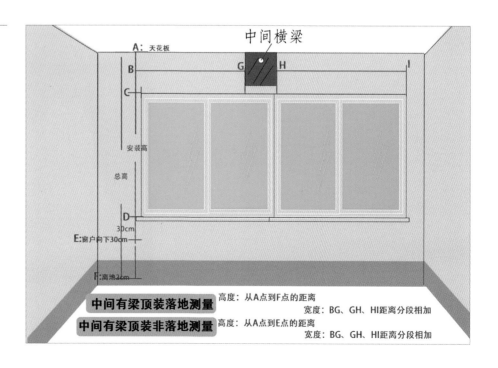

中间横梁

A：天花板
B
C
安装高
总高
D
30cm
E:窗户向下30cm
F:离地2cm
G H I

中间有梁顶装落地测量 高度：从A点到F点的距离
宽度：BG、GH、HI距离分段相加

中间有梁顶装非落地测量 高度：从A点到E点的距离
宽度：BG、GH、HI距离分段相加

中间有梁窗户的窗帘安装效果

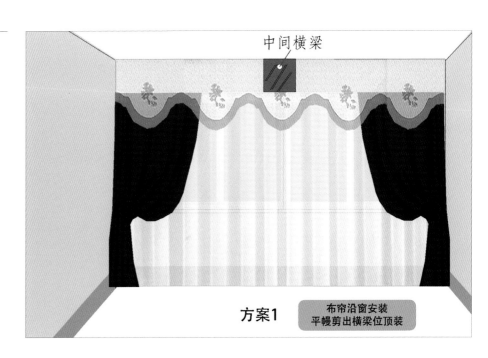

中间横梁

方案1　布帘沿窗安装
平幔剪出横梁位顶装

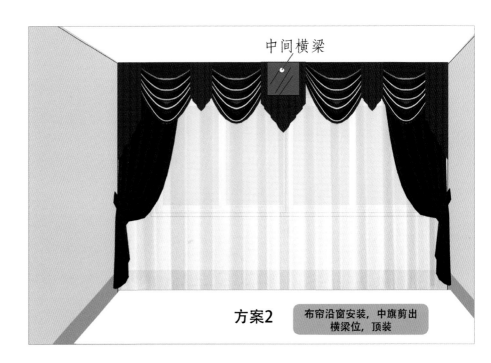

中间横梁

方案2　布帘沿窗安装，中旗剪出
横梁位，顶装

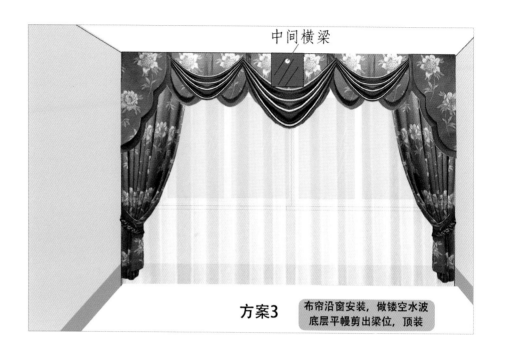

中间横梁

方案3 布帘沿窗安装，做镂空水波
底层平幔剪出梁位，顶装

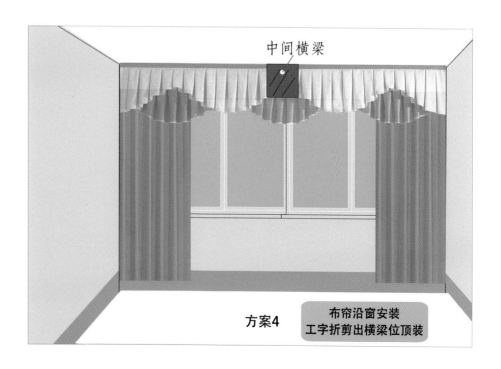

中间横梁

方案4 布帘沿窗安装
工字折剪出横梁位顶装

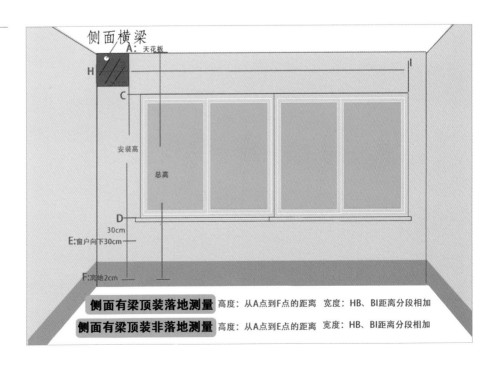

中间横梁

梁高度

梁宽度乘以打褶倍数

方案5 布帘沿窗安装，做打孔窗帘。
布剪出梁位，按倍率打孔侧装。

4. 侧面有梁窗户的测量

侧面横梁

A：天花板

H

C

安装高

总高

D

30cm

E：窗户向下30cm

F：离地2cm

侧面有梁顶装落地测量 高度：从A点到F点的距离 宽度：HB、BI距离分段相加

侧面有梁顶装非落地测量 高度：从A点到E点的距离 宽度：HB、BI距离分段相加

侧面有梁窗户的窗帘安装效果

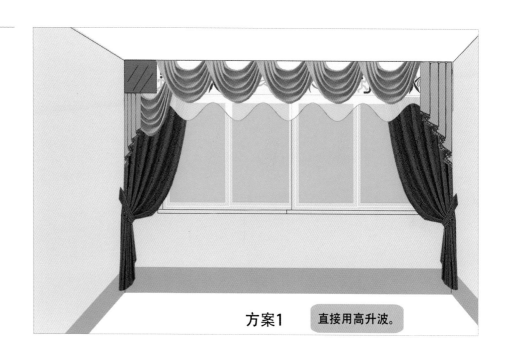

方案1 　直接用高升波。

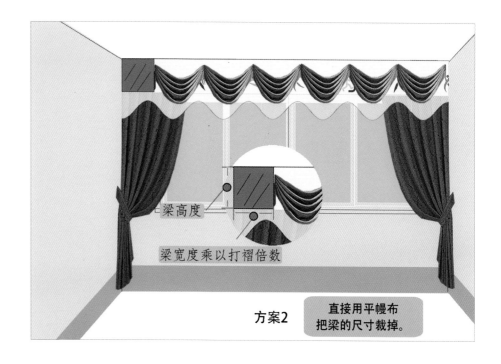

梁高度

梁宽度乘以打褶倍数

方案2 　直接用平幔布把梁的尺寸裁掉。

5. 楼梯边窗户的测量

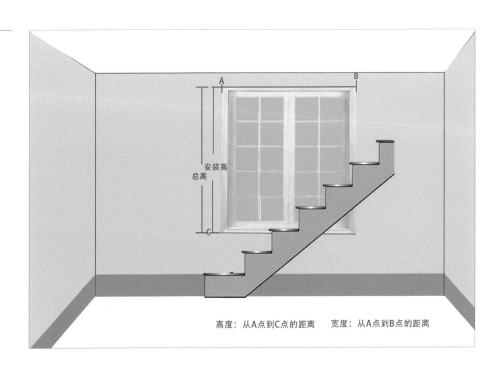

高度：从A点到C点的距离   宽度：从A点到B点的距离

楼梯边窗户的窗帘安装效果

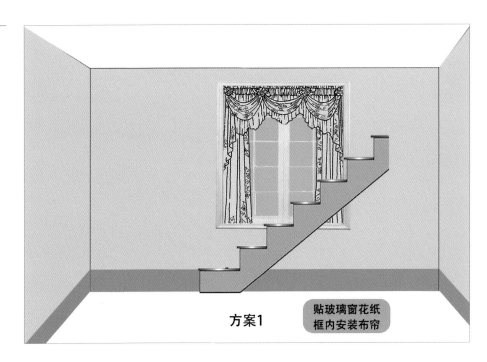

方案1

贴玻璃窗花纸
框内安装布帘

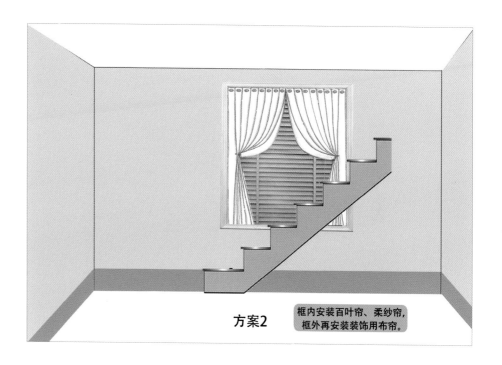

方案2

框内安装百叶帘、柔纱帘，
框外再安装装饰用布帘。

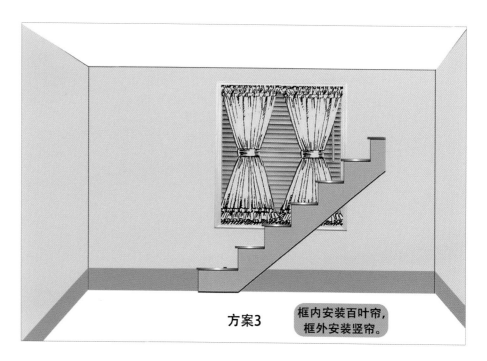

方案3

框内安装百叶帘，
框外安装竖帘。

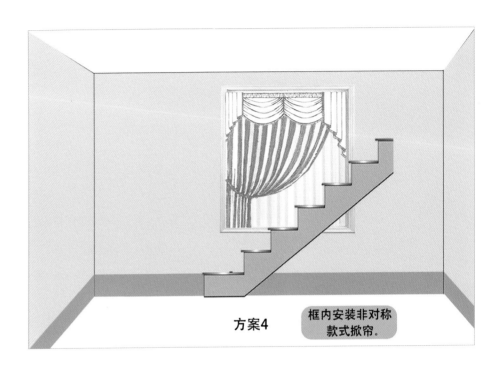

方案4　框内安装非对称款式掀帘。

6. 窗下有桌子的窗户测量

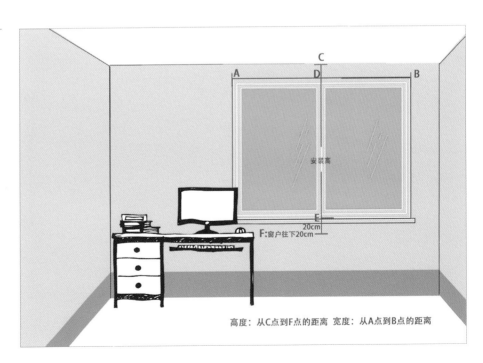

高度：从C点到F点的距离　宽度：从A点到B点的距离

窗下有桌子的窗户窗帘安装效果

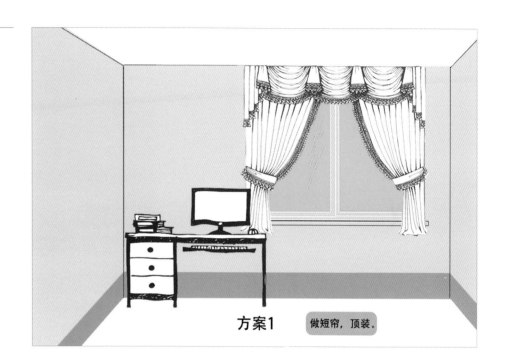

方案1　　做短帘，顶装。

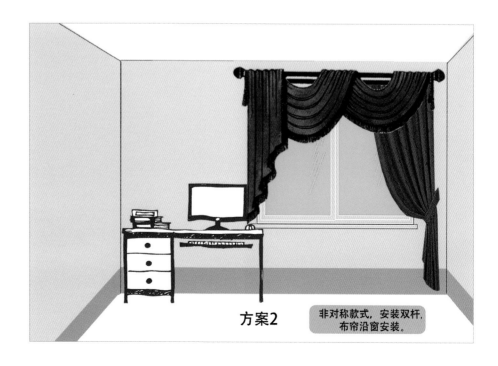

方案2　　非对称款式，安装双杆，
布帘沿窗安装。

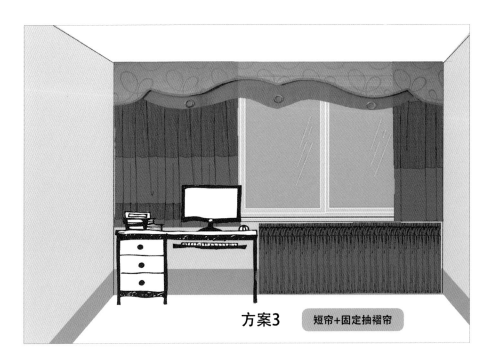

方案3 　短帘+固定抽褶帘

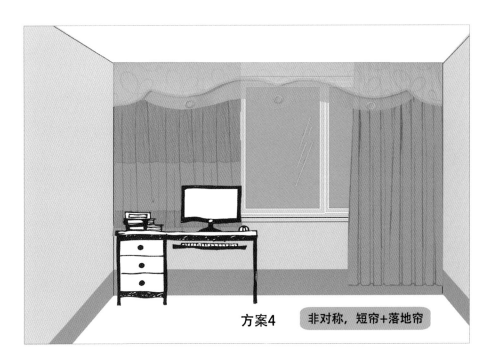

方案4 　非对称，短帘+落地帘

7. 斜窗的测量

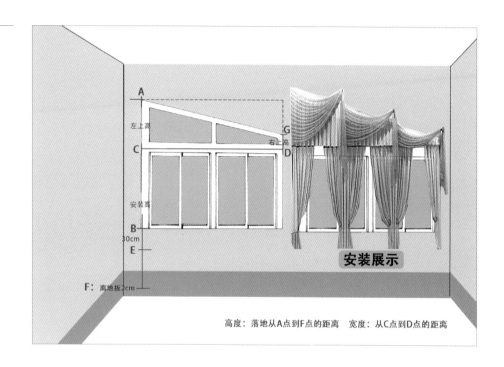

高度：落地从A点到F点的距离　宽度：从C点到D点的距离

8. 圆弧窗的测量

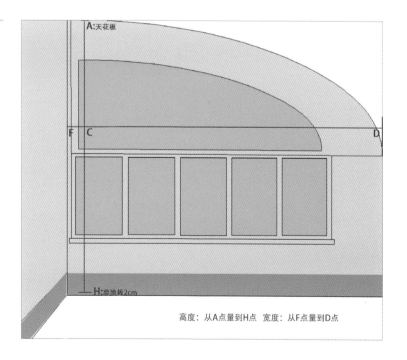

高度：从A点量到H点　宽度：从F点量到D点

圆弧窗的安装效果

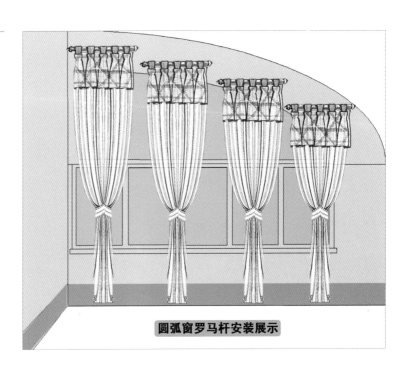

圆弧窗罗马杆安装展示

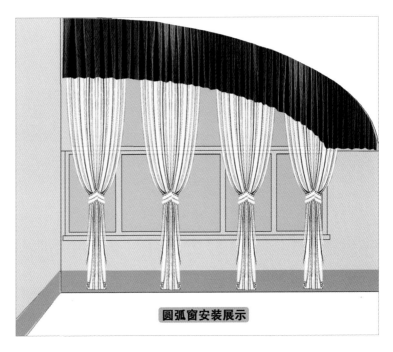

圆弧窗安装展示

第二节　窗帘的安装

注意事项：窗帘杆材质上有铁、铝合金、不锈钢、木、塑钢等时，如果接口处理不好，使用时会磨损滑轮，因此窗帘杆的作用是不容忽视的。

一、罗马杆的认识

1. 铝合金罗马杆

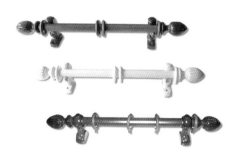

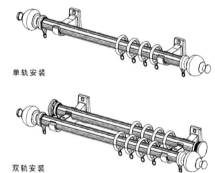

单轨安装

双轨安装

2. 塑钢罗马杆

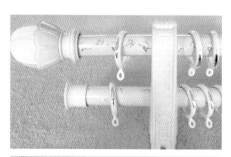

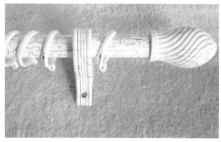

3. 加强静音罗马杆

 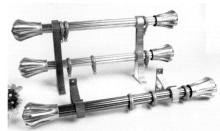

4. 欧式罗马杆

罗马杆侧装安装配件

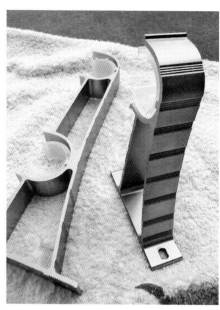

罗马杆顶装安装配件

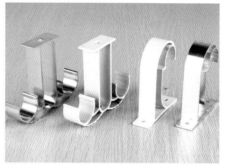

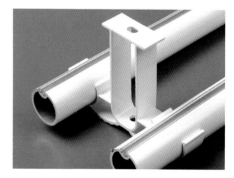

罗马杆转角、连接配件

5. 穿杆帘头罗马杆的安装效果

二、轨道的认识

1. 纳米门字轨道

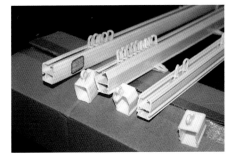
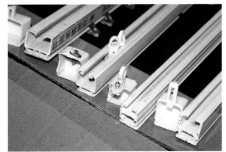

2. 铝合金门字轨道

3. 加强静音六安轨道

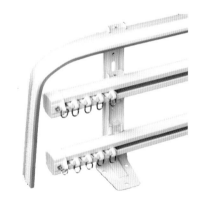 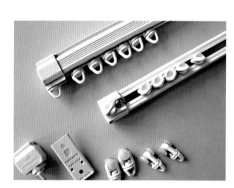

4. 工字轨

 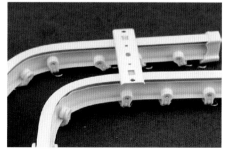 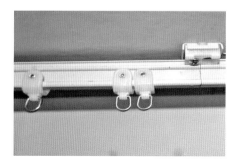

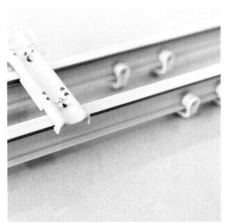
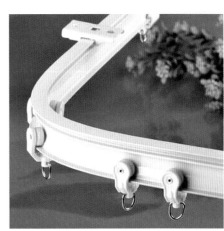

5. 王字轨

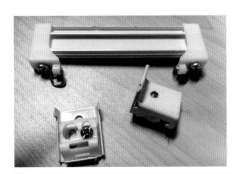

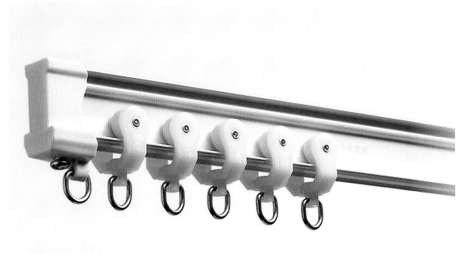

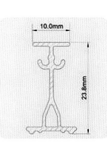

6. 魔术轨

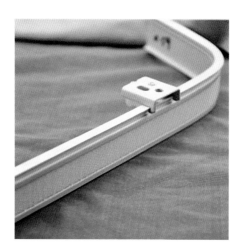

7. 轨道的安装配件

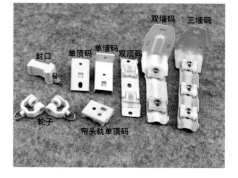

三、遥控窗帘

1. 升降遥控窗帘

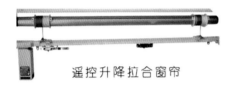

遥控升降拉合窗帘

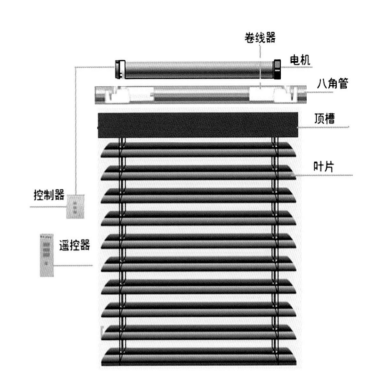

卷线器

电机

八角管

顶槽

叶片

控制器

遥控器

2. 左右开遥控窗帘

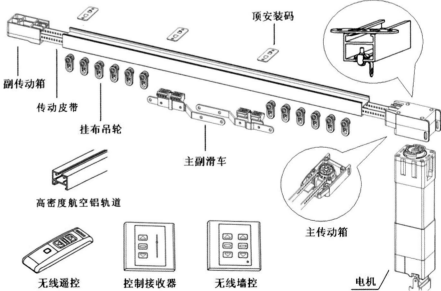

顶安装码

副传动箱

传动皮带

挂布吊轮

主副滑车

高密度航空铝轨道

主传动箱

无线遥控

控制接收器

无线墙控

电机

3. 天棚帘

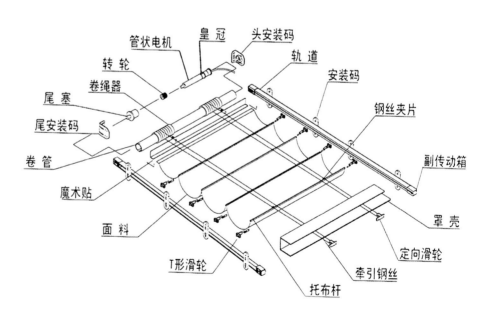

FCS 折叠式天棚帘（轨道导向安装系统）

四、罗马帘

1. 罗马帘轨道组成

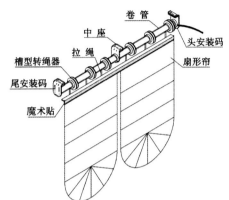

头安装码
卷管
中座
拉绳
槽型转绳器
扇形帘
尾安装码
魔术贴

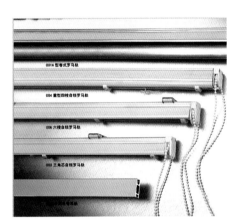

001A 型卷式罗马轨
004 重型四棱自锁罗马轨
006 六棱自锁罗马轨
003 三角芯自锁罗马轨

2. 罗马帘测量安装

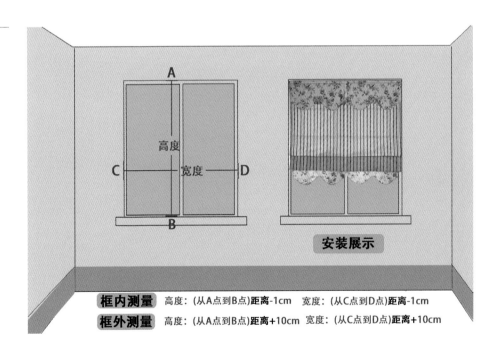

安装展示

| **框内测量** | 高度：(从A点到B点)**距离-1cm** | 宽度：(从C点到D点)**距离-1cm** |
| **框外测量** | 高度：(从A点到B点)**距离+10cm** | 宽度：(从C点到D点)**距离+10cm** |

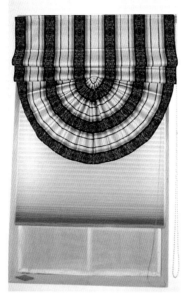

五、百叶帘、珠帘、
　　线帘、艺术卷帘

1. 木百叶帘的测量安装

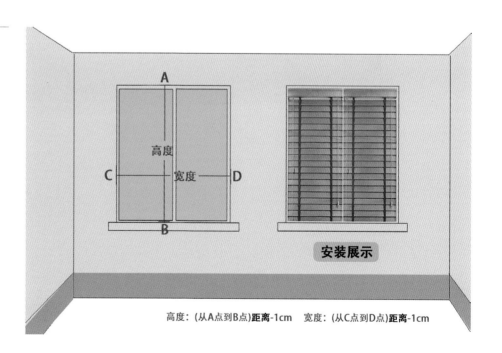

高度：(从A点到B点)**距离-1cm** 　宽度：(从C点到D点)**距离-1cm**

2. 铝合金百叶帘的测量安装

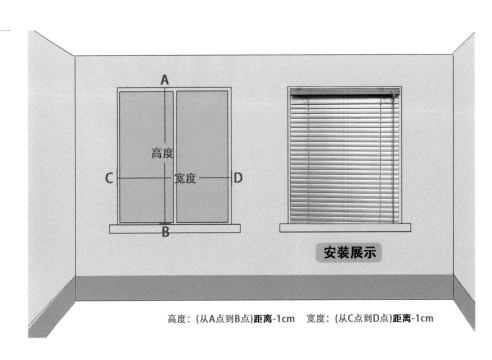

高度：(从A点到B点)**距离**-1cm   宽度：(从C点到D点)**距离**-1cm

3. 珠帘的安装

A: 普通墙面与木质材料

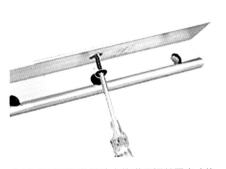

（1）将已打好孔的珠帘轨道用螺丝固定（将轨道贴在将要安装的位置上，用笔在每一个对应的位置做好标记）

（2）将珠帘按照序号挂在轨道上

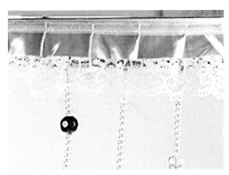

（3）将蕾丝用针缝在轨道上（更加美观）

B：水泥墙

①用冲击钻对准记号打孔；
②轨道贴于墙面，孔对准事先做好记号的位置；
③放入膨胀塞，拧进螺丝以固定轨道。

4. 线帘的安装

线帘不加工

不加工线帘，一般头上会提供一条宽边，可根据自身条件选择合适的安装方式。

布带挂钩加工

布带加工线帘适用于家中有窗帘轨道的情况，这种加工方式一般会在线帘上缝一条布带，布袋上有挂钩。如果要褶皱的效果，可以配上五爪挂钩，并且布料尺寸要比实际尺寸宽 1.5~2 倍，因为褶皱效果会缩短宽度。四爪钩穿帘演示　布料尺寸要比实际尺寸宽 1.5~2 倍

穿杆加工

线帘做穿杆加工，需要有杆子才能悬挂，也可以用绳子、铁丝代替。穿杆加工线帘会有卷边损耗 5cm~10cm 左右，建议在购买时选稍微宽一点，宽的部分通过穿杆挤压会显得更加细密。

子母贴加工

在没有安装轨道和罗马杆的情况下，选子母贴加工线帘是最方便的。窗帘店会在线帘上加工好毛面，顾客收到窗帘后，只需撕掉勾面上的背胶就可以贴到墙上（牢固度为普通双面胶的 3 倍）。

线帘加工方式

穿杆线帘的安装: 线帘做穿杆加工需要有杆子才能悬挂,也可以用绳子、铁丝穿过。穿杆加工线帘有卷边,会损耗 5~10 cm 布料,建议在购买时选稍微宽一点,宽的部分通过穿杆挤压会显得更加细密。

子母贴线帘的安装: 在没有安装轨道和罗马杆的情况下,选子母贴线帘是最方便的。制作者会在线帘上加工好毛面,收到线帘后,只需撕掉钩面上的背胶就可以贴到墙上(牢固度为普通双面胶的 3 倍)。子母贴线帘要求:背胶粘的墙壁光滑不掉粉尘,干净无污渍,若要更加牢固,可用钉子加以固定。

布带挂钩线帘: 布带挂钩线帘适用于有轨道的窗户,一般会在线帘上缝一个布带,布带上有挂钩。如果要褶皱的话,可配五爪挂钩,且线帘尺寸要比实际尺寸宽 1.5~2 倍,因为有褶皱效果,会缩短窗帘宽度。

5. 艺术卷帘的安装

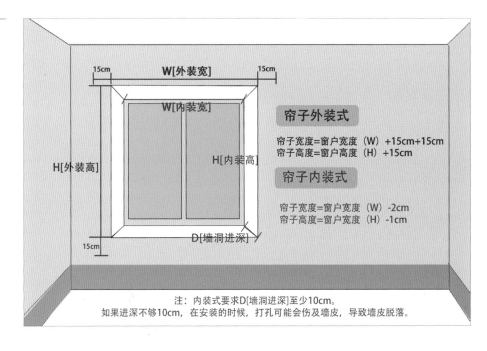

测量帘宽时，取木方两端凹槽的中点，以便帘体可微调间距。

在需安装的位置定位测量，与测量帘体的尺寸一样

1 测量与定位

打孔并打进膨胀螺丝

2 用工具钻眼

侧装图　　　　　顶装图

3 固定安装卡码

可以装上卡码

4 安装帘子

窗帘安装工具

安装示意图

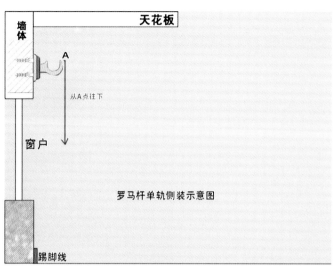

罗马杆单轨侧装示意图

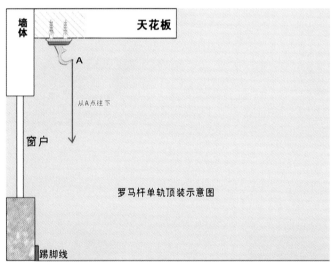

罗马杆单轨顶装示意图

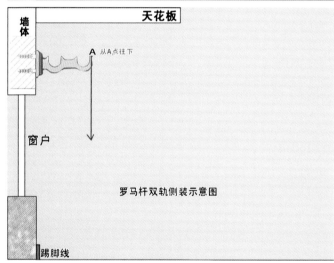

罗马杆双轨侧装示意图

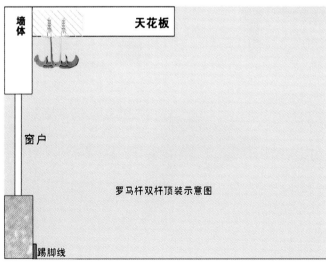

罗马杆双杆顶装示意图

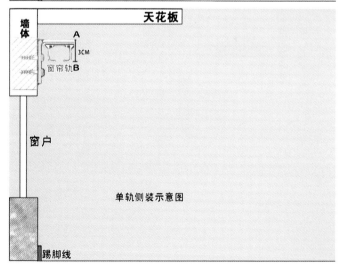

单轨侧装示意图

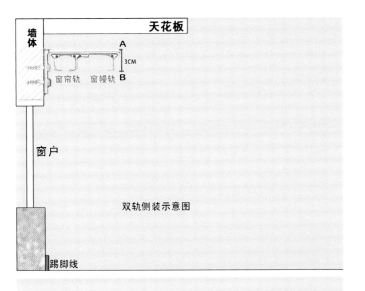

双轨侧装示意图

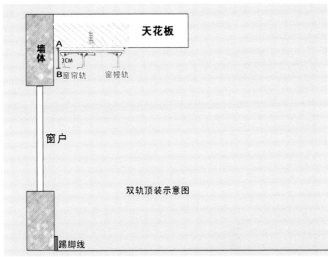

双轨顶装示意图

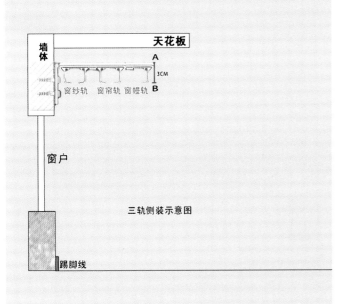

三轨侧装示意图

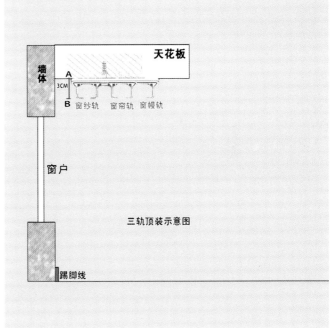

三轨顶装示意图

第三节 窗帘用料的计算

现在市场上销售的窗帘布幅主要有两种，一种是 2.8 m 的定高布，是现在做窗帘用得最多的，它的高度固定是 2.8 m，宽度是无限的，如果窗帘的高度超过了 2.8 m，就要进行接高；还有一种布幅是 1.5 m，它的宽度是 1.5 m，高度是无限的，宽度不够的话，可以加幅数。窗帘的用料包括帘身、帘头、配色布、里布和纱。

1. 以 2.8 m 幅宽的定高布来说，窗帘的用料公式如下

> 帘身用料 = 成品窗帘宽 × 打折倍数

例 成品窗帘宽 3.3 m

高 2.8 m

帘身用料 =3.3 m×2 倍 = 总用料 6.6 m

窗帘是左右对开，所以要把它裁成两片，每片 3.3 m。

需要说明的是，现在做窗帘，帘身基本都是按 2 倍下料，但有时候要对花位，就可能要多点或者少点，有时候客户要求节省面料，那 1.8 倍甚至 1.5 倍也可以。

2. 以 1.5 m 定宽布来计算，窗帘用料公式如下

> 窗帘总用料 = (成品窗帘宽 × 打褶倍数 ÷ 幅宽) (得出的结
> 果四舍五入) × (成品窗帘高 + 缝份或做边 10 cm)
> = (3.3×2÷1.5) × (2.8 + 0.10)
> =4.4 (得出的结果四舍五入) ×2.9
> =11.6 m

如果要多做点褶，那就用五幅布，5×2.9=14.5 m

做的时候，裁 2.9 m 一片，一共裁 4 片。每 2 片相拼接成一片。如果想打褶多点，可以用 5 幅。把一片对中裁开，拼接在左右两边。

上面例子如果用 4 幅，每幅宽是 1.5 m，总宽是 6 m，用料就不到成品帘宽的 2 倍，只有 1.8 倍多点。如果用 5 幅，总宽是 7.5 m，用料就超过了成品帘宽的 2 倍，达到了 2.27 倍。

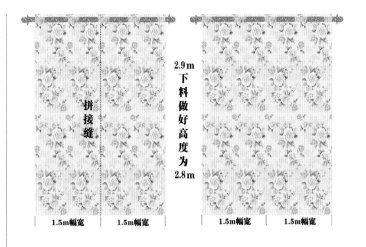

帘头分为工字褶帘头、波浪帘头和平幔。它们的用料公式如下：

> 工字褶帘头 (非对花) 用料 = (成品窗帘宽 × 打褶倍数 ÷ 幅宽)
> (得出的结果进成整数) × 帘头的高

 例
- 成品窗帘宽 3.3 m　高 2.8 m
  帘头做成宽 3.3 m　高 0.45 m
  工字褶帘头 (非对花) 用料 = (3.3×2.8 倍褶 ÷ 幅宽 2.8)
  (得出的结果进成整数) × 帘头高 0.45=1.8 m
- 排料图示：(按下图剪裁 4 片，每片 0.45 m)

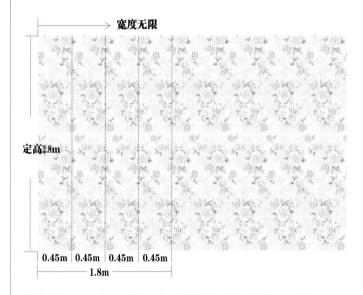

拼接制作图示：裁下 4 片后，把它拼接成一片长 9.24 m、高 0.45 m 的布，然后捏褶做成一个宽 3.3 m、高 0.45 m 的工字褶帘头。

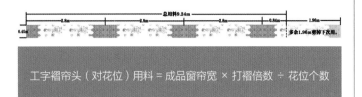

工字褶帘头（对花位）用料 = 成品窗帘宽 × 打褶倍数 ÷ 花位个数

工字褶帘头可以做全色对花，也可以做拼色对花，用料都有不同。下面以宽 3.3 m、高 0.45 m 的案例来说明裁剪排料制作。

全色对花（指的是一个帘头全部用一个花位，做出来的帘头因为花位相同，非常整齐漂亮）。做全色对花的，需要一次性裁下 9.24 m 布，然后只用其中一个花位，剩下的四个花位可以在下一个客户做这种款式的时候再用。

全色对花排料图示：

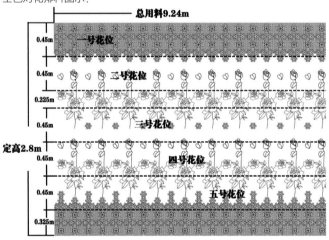

只用其中一个花位捏褶后做成一个宽 3.3 m、高 0.45 m 的工字褶帘头。这样不用拼接，整个帘头都是一种花位，做出来非常高档漂亮。但这种制作方法只适合于整卷布进货的或者比较好销的面料。因为剩下的 4 个花位要等下次的顾客来做。

按公式计算出实际用料 = 成品帘头宽 3.3 m×2.8 倍褶 ÷5 个花位
　　　　　　　　　　=9.24 m÷5 个花位
　　　　　　　　　　=1.85 m

所以，全色对花用料其实也多不了多少，只是需要另外裁出做帘头的布，并且每个客户所用的花位是不一样的，但做出来的效果却是最好的。

拼色对花排料图示：

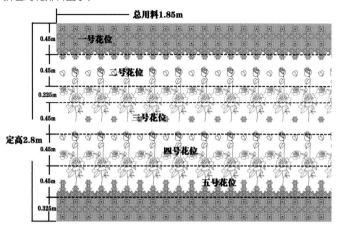

按公式计算出一个帘头用料 1.85 m，然后剪下面料，剪出 5 个花位。再把五个花位按照上深下浅、左右深中间浅的原则，左右对称地拼接成一片长 9.24 m、高 0.45 m 的面料，然后再捏褶把它做成一个宽 3.3 m、高 0.45 m 的工字褶帘头。

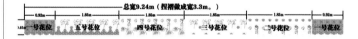

波浪帘头（常规规格宽 60~85 cm，高 45~55 cm）
用料 = 所用波浪个数 × 每个波浪用料 0.7 m
另加边旗 2 个，每个边旗和水波用料一样。

例 成品窗帘宽 3.3 m　高 2.8 m
如果用 6 个水波，旗不占宽度，波叠加 24 cm，那么每个波宽75 cm，边旗 2 个。
波浪帘头用料 =（5+2）×0.7
　　　　　　 = 4.9 m
上例所算用料 4.9 m 是比较宽松的用料。实际裁剪时，可以根据不同的排版方式，节约一些面料。

下面是各种不同的排版方式，可以看出用料都不一样。

（1）直裁排版，是一种比较省料的方式，但直裁做出的水波线条不流畅，一般的时候都不会用这种方式裁剪水波，除非是特定的款式需要这样的效果。

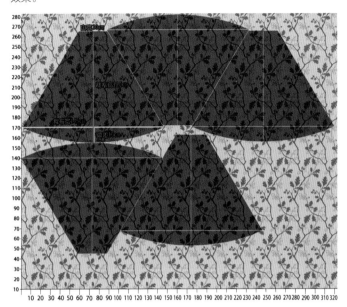

（2）斜裁排版，这是常用的水波剪裁方式。斜裁做出的水波线条流畅。

（3）对花位斜裁排版：有的时候，做出的水波要求花位顺序一致整齐，这就需要对花位去剪裁了。

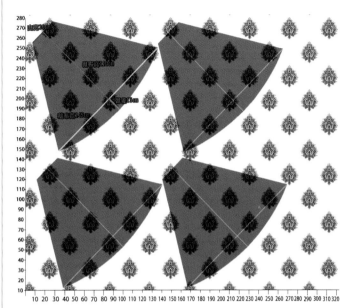

平幔用料和工字褶用料计算方式一样，也可以对花位和不对花位。

例 成品窗帘宽 2.5 m　高 2.8 m
平幔做好宽 2.5 m　高 0.45 m
平幔对花位裁剪图示：

平幔横排

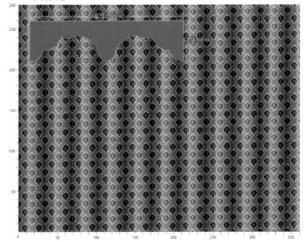

从上图可以看出，平幔如果对花位的话，一个 2 m 宽的平幔帘头用料加上缝份大约要 2.1 m。

平幔不对花位裁剪图示：

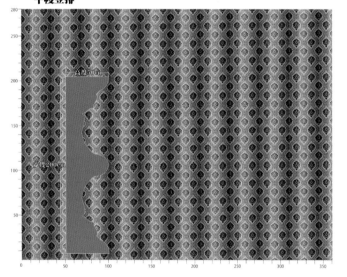

不对花位剪裁平幔就非常省料了，同样的规格，对花位要用到 2 m 多的布，不对花位只需要 0.5 m 就够了，但效果却没有对花位的好看。

从上面的例子可以看出，同样款式、同样规格的窗帘，做法不一样，所用到的面料就相差很大。如果做普通的窗帘，无所谓对不对花，但做一些高档的，就一定要对花位去做，这样才能达到最好的效果。

对花位窗帘

第四节 窗帘造价预算

知道了窗帘的用料，计算窗帘的造价就非常简单了，窗帘总的造价包含下列几个方面：

（1）主布——帘身加上帘头的用料。

（2）配布——配色用料，或加边用料。

（3）里布——做工精细的窗帘，会在帘身加上里布，就像西服的里布一样。平幔和帘头上面也可以加里布。

（4）纱。

（5）布带——无纺或者有纺布带，车在帘身上。

（6）布勾，也叫布叉或者四指勾，做韩褶是用小尖钩。

（7）花边或者荷叶边。

（8）魔术贴或者魔术轨。

（9）轨道或者罗马杆。

（10）挂球或者绑带。

（11）铅线或者铅块（用在帘身或者纱的下摆，增加布的质量和垂感）。

（12）车工工资。

（13）安装工工资。

窗帘的成本主要包含上面这些项目，算价格的时候，各个城市、各个店都有不同的算法。有的直接就是做这种款式，成品一米多少钱，包含所有配件在里面；有的算一下布料，算一下轨道，然后两者相加就是总价；有的会像上面一样一项一项地列出来，然后再加起来算总价。

不管是用什么方法去算，核心就是店主要非常清楚窗帘的成本，在算造价的时候，成本加上合理的利润，就是要收入的钱。

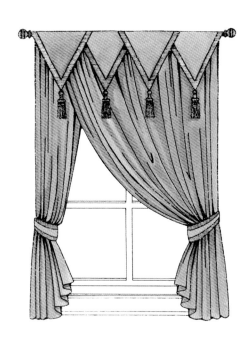

3 窗帘的制作

第 **3** 章

窗帘的制作

第一节 穿杆窗帘的制作 | 第二节 韩褶窗帘的制作

第一节　穿杆窗帘的制作

首先仔细审核客户订单上面注明的面料种类、颜色、款式和制作工艺，确定所需要裁剪的面料没有跳纱、抽丝等质量问题，裁剪时是否要对花位剪裁。然后把根据布料的特点采用抽丝裁或者直接折叠剪裁的方式将布料裁下制作。

一、普通穿杆窗帘的制作

1. 穿杆窗帘制作流程

（1）确定成品窗帘规格。

（2）剪裁布料，剪裁时有花位的要对花位。

（3）剪掉底边并锁边。

（4）包底边。

（5）车两侧立边。

（6）定高度。

（7）车布带或者无纺布带（有纺布带）。

（8）计算打孔个数，定打孔位。

（9）打孔。

（10）压好罗马圈。

2. 穿杆窗帘计算公式

（1）布用量：帘身用量 + 配布用量

帘身用量 = 成品窗帘宽 × 打褶倍数

配布用量要依造型计算

（2）打孔个数：帘身宽度 ×6，算出的数字进位成整双数，即为打孔个数。

（3）孔间距 = 帘身宽度 ÷ 孔个数（得出的数字应在 15~18 cm 之间）

例 成品窗帘宽 1.6 m、高 2.8 m

帘身用料 =1.6×2 倍 =3.2 m。

因为窗帘需要左右对开，所以裁布按 1.6 m1 片，一共裁 2 片。

打孔个数 =1.6×6 个 =9.6 个孔，进位成整双数后是 10，也就是要打 10 个孔。

孔间距 =1.6 m ÷ 10 孔数 =0.16 m=16 cm

注：打孔时第一个孔离布边距离是中间孔间距的一半，即第一个孔从布的边上往里量 8 cm，然后中间都是隔 16 cm 打一个孔。

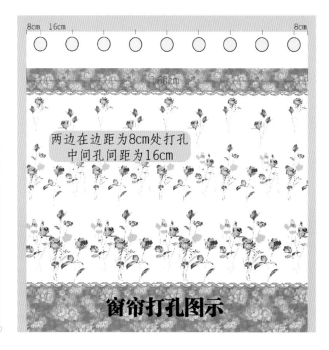

8cm 16cm 8cm

1.60cm

两边在边距为8cm处打孔
中间孔间距为16cm

窗帘打孔图示

二、加高度穿杆帘的制作

制作流程：

（1）确定成品窗帘规格。

（2）剪裁布料，剪裁时注意有花位的要对花位。

（3）剪掉底边并锁边。

（4）包底边。

（5）剪裁加长布。

（6）将加长布和主布拼接处全部锁好边。

（7）将加长布和主布正面对正面车缝。

（8）车两侧立边。

（9）定高度。

（10）车布带或者无纺布带（有纺布带）。

（11）计算打孔个数，定打孔位。

（12）打孔。

（13）压好罗马圈。

成品图 1（分段拼接）：

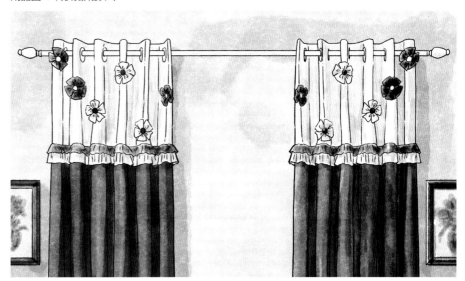

三、拼色穿杆窗帘的制作

拼色穿杆窗帘是在普通的窗帘布上加上配色布，配色布可以做成各种造型。既可以分段拼接，也可以做成各种造型。

制作流程：

（1）确定成品窗帘规格后，剪裁好面料，有花位的要按花位剪裁。

（2）确定好拼色款式，规划好拼色布的拼接尺寸。

（3）按计划好的尺寸剪裁好拼色布，并锁好边。

（4）将拼色布贴在主布上车缝（可以先在主布上画好线，这样能保证拼贴时平直）。

（5）车好布边、底边、无纺布带。

（6）打孔。

成品图2（分段拼接）：

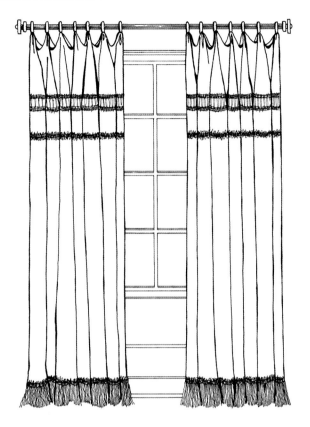

成品图3（造型拼接）：

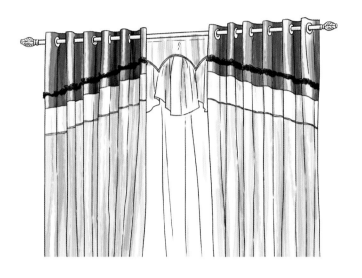

成品图4（造型拼接）：

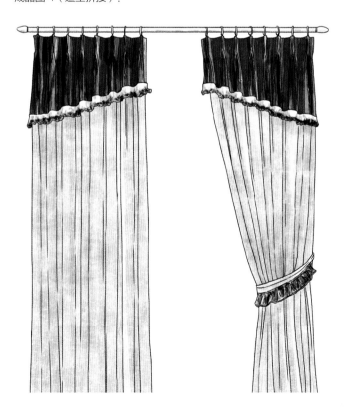

四、对花位穿杆窗帘的制作

制作对花位穿杆窗帘，首先裁布时要按花位剪裁。

先量出花位之间的距离，然后找出布料边上的一个花位，往布边方向量出花位距离的一半，再加上 6 cm 缝份剪裁。如果边上面料的宽度不够，就找里面一个花位，对花位剪裁要求左右对称，所以一般都会有点浪费。

制作流程：

同普通穿杆窗帘制作方法，如果要做配布，按配色拼接做法，裁剪时按下图对花位剪裁。

对花位剪裁图示：

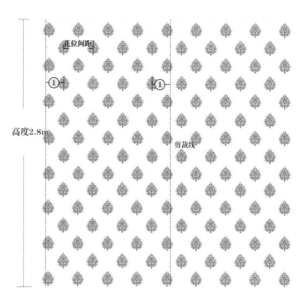

图中1表示为：花位间距一半加6cm缝份。

对花位穿杆成品效果图 1

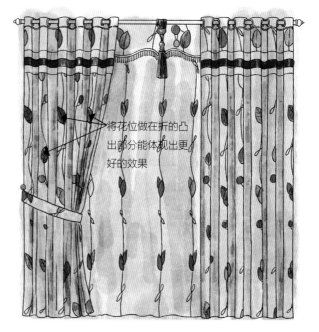

对花位穿杆成品效果图 2

第二节 韩褶窗帘的制作

1. 普通韩褶、酒杯褶窗帘的制作流程和计算公式

按成品窗帘的宽乘打褶倍数下料，韩褶窗帘一般是2倍的褶数。下好料后，车好两侧立边、包好底边，然后定好高度，车上无（有）纺布带。然后再按下面公式计算褶的大小和褶的间距：

> 褶用料 = 半成品窗帘宽 − 成品窗帘宽
> 褶个数 = 成品窗帘宽 ×6个（结果取整数）
> 褶大小 =（褶用料 − 两个布边的边距一共10 cm）÷ 褶个数
> 褶间距 = 成品窗帘宽 ÷（褶个数 − 1）

注：半成品窗帘宽指的是车好边和无纺布带之后布的宽度。

成品窗帘宽指的是打好褶，完全做好的窗帘宽度。因为窗帘都是左右对开，所以只要计算一半的宽度另加5 cm的重叠位就可以。如果是2 m的成品帘宽，那每片成品帘做好后的宽度是1.05 m，一共做2片。

韩褶案例：

宽4m× 高2.8m

按窗宽2倍下料，一共用料8米，左右对开裁成2片，每片4m。车好两侧边之后，每片布帘宽3.9m。

成品帘宽 = 窗宽/2+ 叠加量5cm=4/2+0.05=2.05m（即每片做好宽度为2.05m，两片一共宽4.1m，多加10cm为叠加，防止两片布帘拉起来中间漏光。）

（1）褶个数 =2.05×6（结果四舍五入）=12 个

（2）褶用料 =4m-2.05m=1.95m

（3）褶大小 =（1.95m-0.06m）/12=15.75cm

（4）褶间距 =2.05m/（12-1）=18.63cm

此案例一共12个褶，11个褶间距。

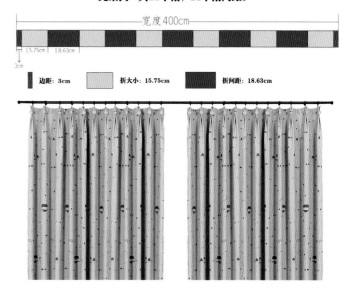

宽度400cm

15.75cm | 18.63cm

3cm

■ 边距：3cm　　□ 折大小：15.75cm　　■ 折间距：18.63cm

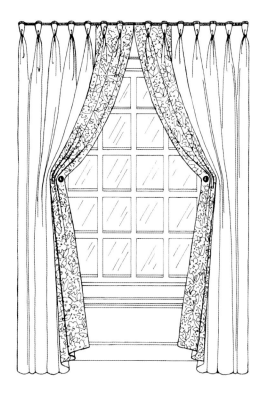

韩式固定褶打孔帘制作：

（1）按韩褶制作方法计算好褶间距和褶大小。

（2）褶间距以圈与圈之间的间距加 3cm 为准。

（3）做好韩褶，然后再打孔，压上圈。

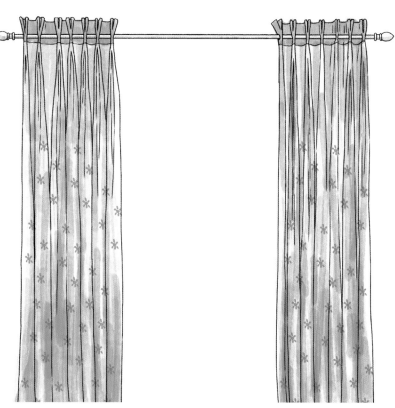

4 帘头的制作

4章

帘头的制作

第一节　工字褶窗帘头的制作　｜　第二节　多款帘头制作

第一节　工字褶窗帘头的制作

一、水平工字褶帘头

1.下料比例

（1）水平工字褶帘头高：

水平工字褶帘头高＝帘身高度的 1/8（高度在 35 ~ 40 cm）

（2）波浪工字褶帘头高：

波浪工字褶帘头高＝帘身高度的 1/7（高度在 40 ~ 45 cm）

（3）工字褶帘头下料宽：

工字褶帘头下料宽＝成品帘头宽 ×(2.8 ~ 3 倍)

2. 制作流程

（1）按窗宽和高计算出成品帘头的宽度和高度。

（2）剪裁出所需的布料。

（3）将布料锁好边。

（4）捏褶（注意褶的大小要均称）。

（5）车上花边或者荷叶边。

（6）车上腰头或者魔术贴。

3. 案例解析

宽 3 m × 高 2.8 m

下料宽 = 成品帘宽 × 2.8 倍 = 3 m × 2.8 = 8.4 m

下料高 = 成品帘高 × 1/8 = 2.8 × 1/8 = 0.35 m

将布料按下图所示裁下，拼接成一条宽 8.4 m，高 0.35 m 的布片，再捏褶成一个宽 3 m、高 0.35 m 的帘头。

工字褶帘头安装好后效果图：

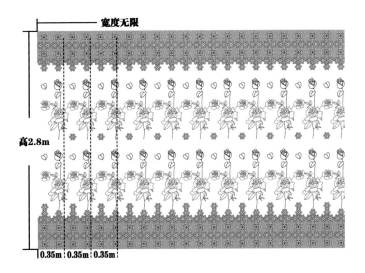

拼接好的图片：

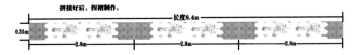

成品做好后的效果图（如下图所示）：

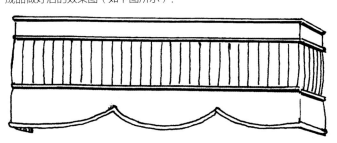

4. 工字褶帘头对花位与不对花位剪裁用料计算与排版

不对花位剪裁图示：

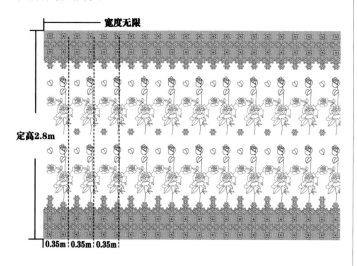

拼接方法图示：

帘头用完整花位图：

剪下一片布专做帘头，每个帘头只用其中一个花位。

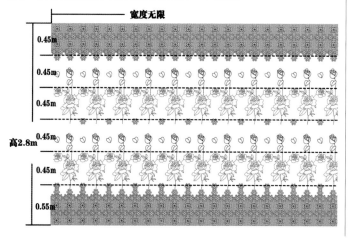

注：每一个帘头用一个完整的花位

二、波浪工字褶帘头制作

1. 波浪剪裁方式

叠纸裁波浪：先用纸条叠起，剪出所需波浪个数，再将布按纸的叠法去叠，最后剪出波浪。

按波浪个数剪裁：2 波，将布叠成 4 层（对中再对中折）。

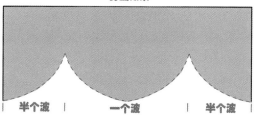

2波（另一种裁法），将布叠成4层（对中再对中折）。

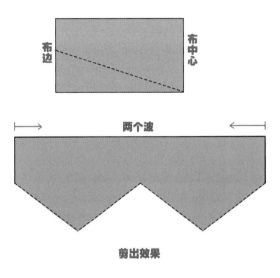

3波（另一种裁法），将布叠成6层（对中叠后平均分成3份折叠）。

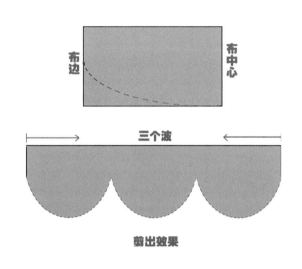

3波，将布叠成6层（对中叠后平均分成3份折叠）

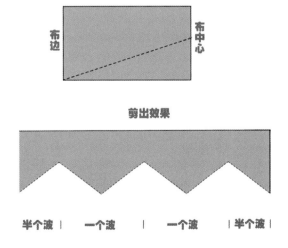

4波，将布叠成8层（对中折——对中折——再对中折）。

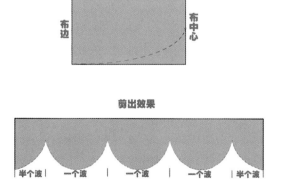

4 波（另一种裁法），将布叠成 8 层（对中折——对中折——再对中折）。

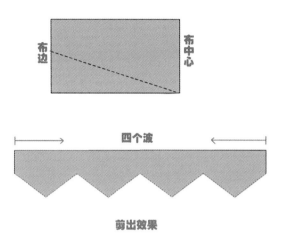

5 波，将布叠成 10 层（对中折后平均分成 5 份折叠）。

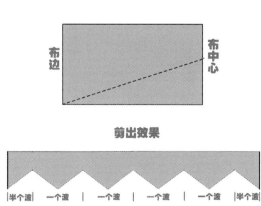

5 波（另一种裁法），将布叠成 10 层（对中折后平均分成 5 份折叠）。

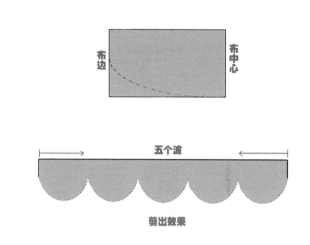

2. 案例解析

宽 2.6 m × 高 2.8 m

（1）下料宽 = 窗宽 2.6 m×2.8 倍 =2.6×2.8=7.28 m

（2）下料高 = 帘身高 2.8 m÷6=2.8 ÷6=0.47 m

（3）计算出所需要的用料的宽度和高度后，可以对花剪裁，
也可以不对花剪裁。

（4）将剪好的布裁出所需要的波浪，然后捏褶车缝。

（5）车上腰头、魔术贴、花边。

波浪工字褶成品效果图:

3. 拼接对花位剪裁

案例: 宽 2.4 m × 高 2.8 m

帘头下料宽 = 成品帘宽 2.4 m×2.8 倍 =6.72 m

帘头下料高 = 成品帘高 2.8 m÷7=0.4 m

注意: 布料高 2.8 m,帘头高 0.4 m 一片,能裁成 7 片,
用 6.72 m÷7,便计算出总用料为 0.96 m。

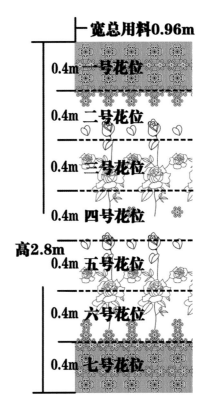

对花位拼接后效果：

帘头下料宽 = 成品帘宽 2.4 m × 2.8 倍 = 6.72 m

帘头下料高 = 成品帘高 2.8 m ÷ 7 = 0.4 m

注意：将 7 片高 0.4 m、宽 0.96 m 的料，拼接成一片宽 6.72 m、高 0.4 m 的帘头布（如下图所示）。

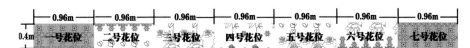

| ← 0.96m → | ← 0.96m → | ← 0.96m → | ← 0.96m → | ← 0.96m → | ← 0.96m → | ← 0.96m → |

0.4m 一号花位 二号花位 三号花位 四号花位 五号花位 六号花位 七号花位

拼接后总长度：6.72m。

三、波浪菱形工字褶帘头制作

1. 制作流程

（1）按窗宽计算出所需帘头高度与下料宽度。

（2）剪出所需面料。

（3）拼接好后剪出波浪。

（4）捏好第一个褶后，再在高度 2/5 左右处按第一褶的大小车第二条线。

（5）车上花边。

（6）车上魔术贴或腰头。

（7）手工或者机器缝上菱形。

2. 案例解析

宽 1.5 m × 高 2.8 m

帘头下料高 = 成品帘高 2.8 m × 1/7 = 0.4 m

帘头下料宽 = 成品帘宽 1.5 m × 2.8 = 4.2 m

将布料裁下拼接成一片高 0.4 m、宽 4.2 m 布料，然后剪出所需波浪个数后捏褶制作。

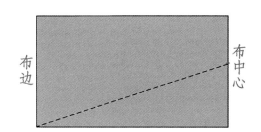

布边 · 布中心

成品效果图：

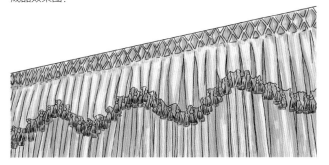

四、波浪双层对位帘头

1. 裁剪

（1）按工字褶帘头做法算料，剪裁。
（2）将上下两层布分别叠出同样的层数，上下两层高度相差 7~10 cm。

裁剪图：底层

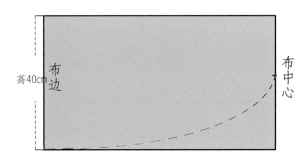

中间打好剪口

裁剪图：上层

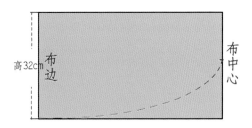

中间打好剪口

成品效果示意图：

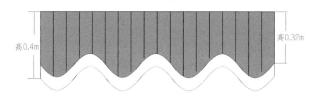

2. 制作流程

（1）第一层捏好所需要的宽度。
（2）上下两层剪口对剪口叠在一起车起来，再车花边或包边。
（3）最后车上魔术贴或腰头。

成品效果图：

3. 双层工字褶帘头制作流程（一层平褶一层波浪）

（1）按工字褶帘头做法算料，剪裁，第一层高度比底层短 5 cm。
（2）将上层剪出所需要的波浪个数，底边包好边，然后上下两层分别捏褶。
（3）捏好褶后，将上下两层缝合在一起，车上腰头。
（4）将窗帘绳子做 6 个蝴蝶结，用胶枪粘在腰头处。

裁剪图：

上层波浪裁剪图示。

将布对中折叠后平均分成五份剪裁。

按虚线剪下

成品效果图：

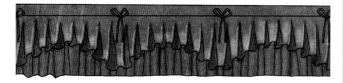

上层布

成品效果图：

五、波浪双层错位帘头

1. 双层错位工字褶制作流程

（1）按倍数计算好下料宽和下料高。

（2）叠出需要的波浪个数。

（3）下层从布中开剪，上层从布边开剪（如下图所示）。

（4）剪好弧度后，打上剪口，捏褶。

（5）捏好褶后，剪口对剪口叠在一起车缝。

（6）车上荷叶边或花边。

（7）车上腰头或魔术贴。

裁剪图：

下层布

2. 一平一皱工字褶案例

宽 2 m× 高 2.8 m

上层平布下料：宽 2 m、高 25 cm

底层捏褶布下料：宽 2 m×2.8 倍 =5.6 m，高 40 cm

下好料后将上层剪出所需波浪，宽 2 m 可剪 3 或 4 个波浪。

将上层包好边，烫平（也可以对花裁出波浪，如果布太薄，可以加布衬）。

底层均匀地捏好工字褶，车上腰头。

成品效果图：

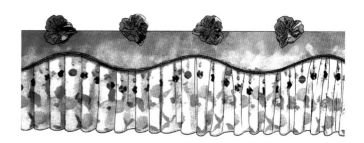

第二节　多款帘头制作

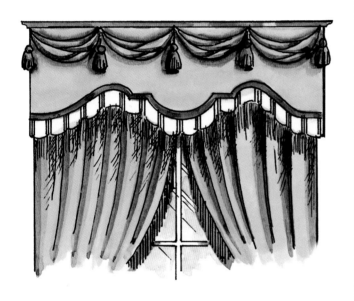

二线抽带：

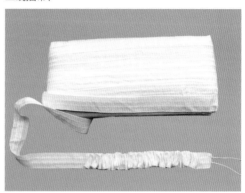

三线抽带：

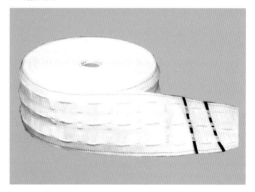

四线抽带：

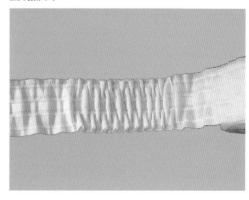

一、韩式抽带帘头

1.抽带的使用与类别介绍

抽带一般用于加工帘头或者做造型时用来抽褶皱，做出来的褶自然细密，加工速度快，对车工和剪裁要求不高。常用的有二线抽带、三线抽带和四线抽带。

2. 抽带倍数计算

量出 1 m 抽带，抽出合适褶皱，量一下抽好褶的长度，然后除以没抽之前的长度，得出倍数。

3. 韩式抽带帘头下料计算

（1）抽带帘头下料。

下料宽度 = 成品帘宽度 × 抽带倍数

下料高度：水平帘头 = 成品帘高度 × 1/8

波浪帘头 = 成品帘高度 × 1/7

（2）下好料后的操作步骤。

① 下好料后，剪出波浪，将布边处理好（包边或车花边）。

② 将抽带垫在布背面车缝，几线抽带就车几条线。

③ 车好后按需要抽出褶皱。

④ 车好魔术贴。

二、抽带菱形帘头

（1）确定所需布料。

（2）按需要裁出布料，配色边。

（3）将配色布夹在主布与底布之间缝制。

（4）缝好配色布后翻转，车上抽带。

（5）画出正方形方格。

（6）用胶钉枪点对点定位。

（7）拉紧抽带，理出造型。

裁剪图:

制作图示

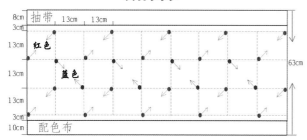

安装效果图（1）

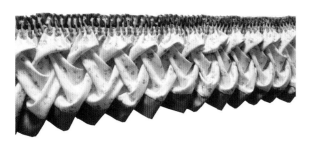

安装效果图（2）

三、正圆水波帘头

1. 水波帘头下料排版剪裁方式

斜裁与直裁比较：

在制作水波的时候，为了达到最好的效果，水波褶更流畅，一般使用
45°斜裁的方法去排料。但在个别的时候也会用直裁的方法去做，因为
直裁更加省料，但褶会出现菱角。

斜裁排版图示：

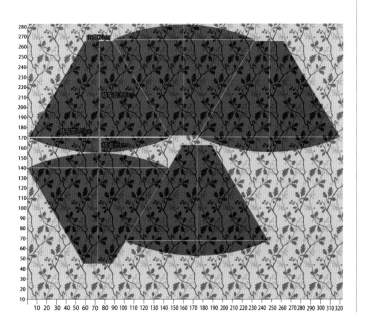

排版剪裁方式：

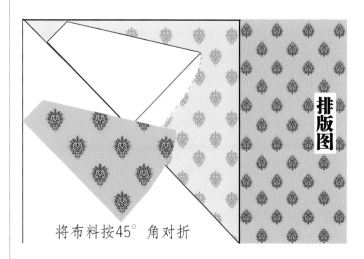

将布料按45°角对折

2. 水波方位名称

在制作水波前，要先熟悉水波的方位名称，方便计算、剪裁、
制作时各个工序的配合。

（1）山（对中折叠剪裁时为半山）。

（2）裁布高。

（3）裁布宽。

（4）肩。

（5）弧差值。

对中折叠剪裁的裁图：

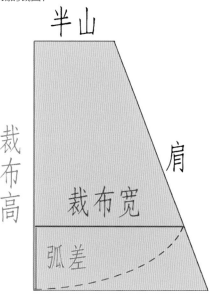

展开后的裁图：

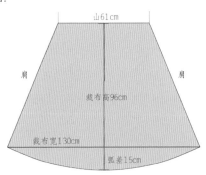

3. 水波个数、规格计算

> 水波宽 ={（成品帘宽 -旗所占宽）+[（水波个数 -1）× 叠加位个数]}÷ 水波个数
>
> 水波高 = 帘身高的 1/6

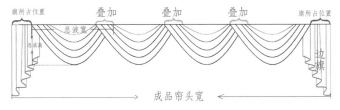

注：叠加指的是水波与水波重叠部分。

4. 水波各部位比例计算

按上面的公式计算出水波的个数、宽度和高度后，再计算水波裁剪时的各个数值。

> 山：总波宽 1/2。
> 裁布高：总波高 ×2 倍。
> 裁布宽：拉绳测量。

5. 案例解析

宽 3.3 m× 高 2.8 m

（1）设定6个水波。

（2）水波宽={（成品帘宽-旗所占宽）+[（水波个数-1）×叠加位个数]}÷水波个数

= {（330-0） +[（ 6-1）×15]}÷6

= [330+75]÷6=405÷6=67.5 cm。

（3）水波高 = 成品帘高 ÷6=280÷6=47 cm。

由上得出共做6个水波，每个水波宽67.5 cm，高47 cm。

再计算水波各个数值：

（1）山 = 成品水波的 1/2=67.5÷2=38.75 cm。

（2）裁布高 = 成品帘高 ×2=47×2=94 cm 。

（3）裁布宽 = 按下图所示拉绳测量。

6. 裁布宽拉绳测量法

裁布宽拉绳测量法图示（1）：

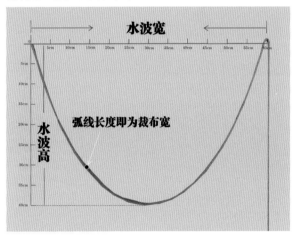

裁布宽拉绳测量法图示（2）：

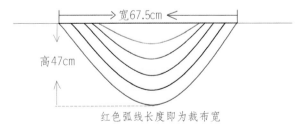

拉绳测出裁布宽为127cm

计算出水波的各个数值后，再把布料45°角对中折叠后按图示剪裁。

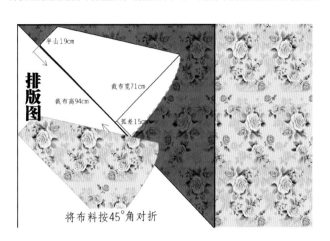

排版图

半山19cm
裁布宽71cm
裁布高94cm
弧差15cm

将布料按45°角对折

剪出

19.37cm
94cm
肩
63.5cm
15cm

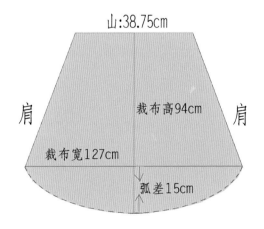

山:38.75cm

肩   裁布高94cm   肩

裁布宽127cm

弧差15cm

成品图:

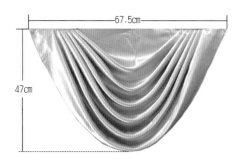

四、镂空水波制作

1. 镂空水波设计排版剪裁与计算公式

（1）山。

（2）肩。

（3）镂空宽。

（4）镂空高。

（5）裁布宽。

（6）裁布高。

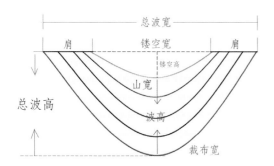

2. 镂空水波与水波的比较

正圆水波与镂空水波最大的不同就是：镂空水波有了镂空宽和镂空高，山的宽度是按镂空宽和镂空高拉绳测量出来的。另外就是裁布高的算法不同。

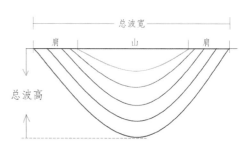

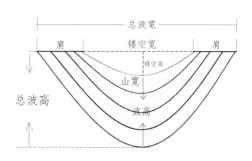

3. 镂空水波各部位计算

（1）总波宽 = ｛（成品帘宽 − 旗所占宽）+〔（水波个数 −1）× 叠加位个数〕｝÷ 水波个数

注：叠加位等于肩宽。

（2）总波高 = 成品帘高 ÷6。

（3）肩宽 = 按总波宽设定。

（4）镂空宽 = 总波宽 − 肩宽。

（5）镂空高按需要设定

（在总波高的一半内，并且波高不得小于肩宽）。

（6）山宽 = 镂空宽与镂空高拉出的绳长。

（7）裁布高 =（总波高 − 镂空高）×3 倍。

（8）裁布宽 = 总波宽与总波高拉绳测量。

镂空水波成品图示：

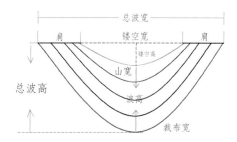

4. 镂空水波案例分析

例 宽 1.8 m × 高 2.8 m

设定水波 3 个，叠加 15 cm，叠加边旗。

水波宽 ＝｛（成品帘宽 −旗所占宽）＋〔（水波个数 −1）× 叠加位个数〕｝÷ 水波个数

＝｛（180−0）＋〔（3−1）× 15〕｝÷3＝70 cm。

水波高 ＝280÷6＝47 cm。

由此得出需做 3 个波，每个波宽 70 cm，高 47 cm。

设定水波各数值：

肩 ＝15 cm，镂空宽 ＝30 cm，镂空高 ＝15 cm。

山宽拉绳量出为 61 cm，裁布宽拉绳量出为 130 cm，

裁布高 ＝（47−15）×3＝96 cm。

做出裁图如下：

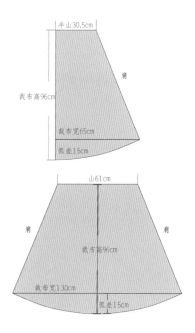

注意：按裁水波方法裁出水波、旗，然后捏褶制作。

制作后的成品图示：

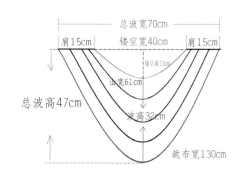

镂空水波案例效果图：

五、抽带水波帘头

1. 各数值计算与案例

（1）按成品帘宽计算出水波规格。

（2）水波的肩、山、肩分别占总波宽的 1/3。

（3）水波的弧差值为裁布高的 1/5。

 宽 3 m× 高 2.8 m。

设定水波 5 个，不叠加。

得出水波宽 60 cm，高 47 cm。

山 = 水波 1/3=20 cm。

裁布高 = 波高 ×2=94 cm。

裁布宽拉绳测量为 112 cm。

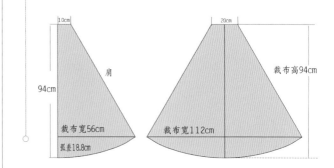

2. 制作步骤

（1）计算出水波各数值后剪裁。

（2）将二线抽带沿水波肩、山、肩车缝。

（3）车好抽带后，抽出所需要的宽度。

（4）车好荷叶边或花边。

（5）将水波组合成所需要的宽度，车上腰头或魔术贴。

效果图：

六、抽带三角水波帘头

（1）计算方法与抽带水波相同。
（2）弧差值为裁布高的 1/4。

例 宽 1.3 m × 高 2.8 m

抽带三角水波做好宽 0.6 m, 高 45 cm

裁图如下：

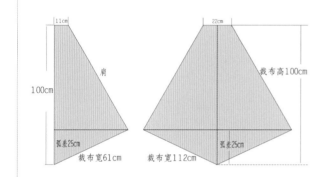

成品效果图：

七、上褶波帘头

1. 上褶波方位名称

（1）山。
（2）肩高。
（3）弧高。
（4）裁布高。
（5）裁布宽。

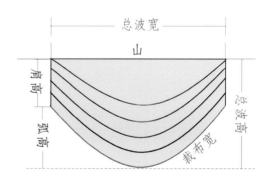

2. 上褶波与水波、镂空波对比

正圆水波：

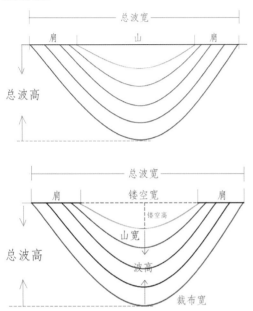

上褶波：

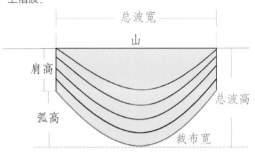

3. 上褶波各部位测算

（1）山 = 总波宽。

（2）肩高 = 水波高的 1/3 或 1/4。

（3）弧高 = 总波高 −肩高。

（4）裁布高 = 总波高 ×2.2 倍。

（5）裁布宽 = 弧高与总波宽拉绳测量出来的数值 +5 cm。

4．案例

宽 2.8 m × 高 2.8 m，设定水波 4 个

水波宽 =（成品帘宽一旗所占宽度）÷ 水波个数
$$=[280 - (5+5)]÷4=67.5 \text{ cm}$$

波高 =280÷6=47 cm

以上计算得出水波做 4 个，每个宽度 67.5 cm、高度 47 cm。

计算其各个数值：

（1）山 =67.5 cm。

（2）肩高 =47÷4=12 cm。

（3）弧高 =47-12=35 cm。

（4）裁布高 =47×2.2=103 cm。

（5）裁布宽 = 水波宽 67.5 cm 与弧高 35 cm 拉出的绳长 =93 cm。

制作裁剪图

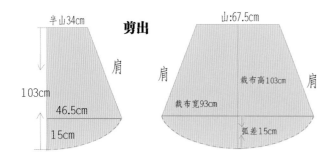

成品图示：

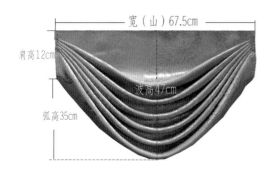

八、镂空上褶波帘头

1. 镂空上褶波各方位名称

（1）镂空宽。

（2）镂空高。

（3）山宽。

（4）肩高。

（5）弧高。

（6）裁布高。

（7）裁布宽。

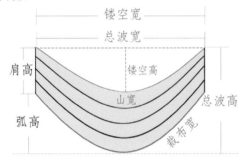

2. 上褶波与镂空上褶波对比

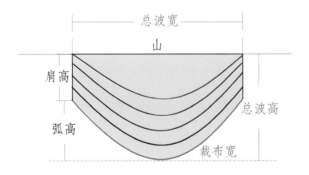

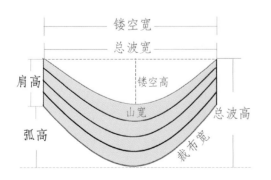

3. 镂空上褶波计算方法

（1）总波宽=（成品帘宽 −旗宽）÷ 水波个数。

（2）总波高=成品帘高 ÷6。

（3）镂空宽=总波宽。

（4）镂空高=根据波形设定。

（5）肩高=总波高的 1/3 或 1/4。

（6）弧高=总波高 −肩高。

（7）山宽=镂空宽与镂空高拉出的绳长。

（8）裁布宽=镂空宽与弧高拉出的绳长。

（9）裁布高=（总波高 −镂空高）×3 倍。

4.案例

宽 2.1 米、高 2.8 米

设定水波 3 个，旗不占宽度。

（1）总波宽 =2.1÷3=70 cm 。

（2）总波高 =280÷6=47 cm。

（3）镂空高：设定为 18 cm。

（4）肩高 =15 cm。

（5）弧高 =47-15=32 cm。

（6）山宽 =84 cm。

（7）裁布高 =95 cm。

（8）裁布宽 =102 cm。

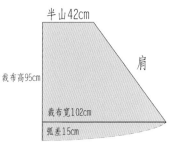

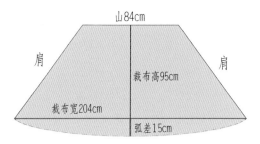

成品水波图示：

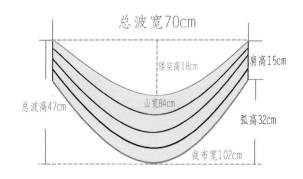

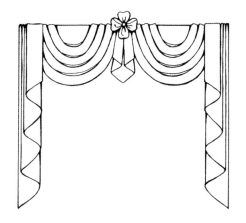

九、凤尾波帘头

方位名称示意图：

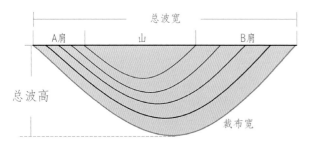

1.各部位规划计算

（1）总波宽 ={（成品帘宽 -旗所占宽）+[（水波个数 -1）× 叠加位个数]}÷ 水波个数。

（2）总波高 = 成品帘高 ÷6。

（3）山 = 水波宽的 1/3。

（4）A肩 = 水波宽的 1/5。

（5）B肩 = 总波宽 - 山 - A肩。

（6）裁布高 = 成品波高 ×2.2倍。

（7）偏移值 = 以（B肩 ×2+ 山）的宽和原设定的高拉出的裁布宽 -原水波宽与高拉出的裁布宽。

（8）B肩裁布宽 = 以（B肩 ×2+ 山）作为宽和原设定的高拉出的裁布宽 ÷2。

（9）A肩裁布宽 =B肩裁布宽 -偏移值。

2.案例

凤尾波宽 100 cm，高 50 cm

设山 =33 cm；A肩 =20 cm

B肩 =47 cm；裁布高 =110 cm。

偏移值图示

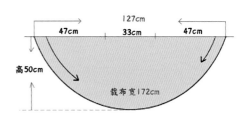

减掉

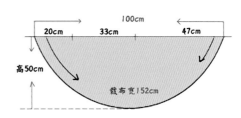

即得出偏移值 =20 cm。

B肩裁布宽 =172÷2=86 cm。

A肩裁布宽 =86-20 cm(偏移值)=66 cm。

裁剪图：

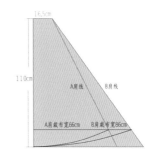

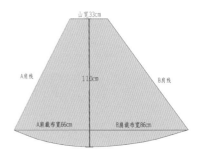

效果图1：

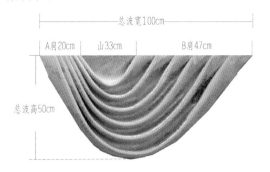

效果图2：

十、镂空凤尾波帘头

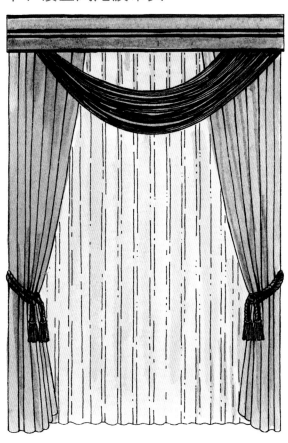

凤尾波与镂空凤尾波比较及方位名称示意图：

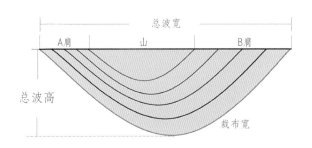

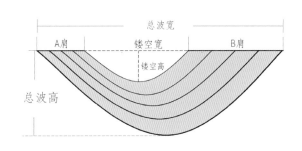

1. 各部位规划计算

（1）A肩＝水波宽的1/5。

（2）镂空宽＝水波宽的1/3。

（3）B肩＝总波宽 - 镂空宽 - A肩。

（4）山按镂空宽与镂空高拉绳的测量值。

（5）镂空高自己设定。

（6）偏移值同凤尾波。

（7）A肩裁布宽同凤尾波。

（8）B肩裁布高同凤尾波。

（9）裁布高＝（总波高 - 镂空高）×3。

2.案例

（1）宽 3.3 m，高 2.8 m。设定水波 3 个，叠加 15 cm。

（2）水波宽 =330÷3=110 cm。

（3）水波高 =280÷6=47 cm。

（4）A 肩 =110÷5=22 cm。

（5）镂空宽 =37 cm。

（6）B 肩宽 =110-22-37=51 cm。

（7）镂空高 = 20 cm。

（8）山宽 = 60 cm。

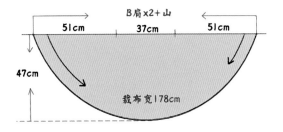

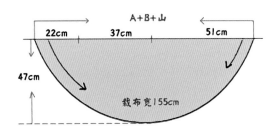

即得出偏移值 =23 cm。

B 肩裁布宽 =178÷2=89 cm。

A 肩裁布宽 =89-23=66 cm。

裁布高 =（47-20）×4=108 cm。

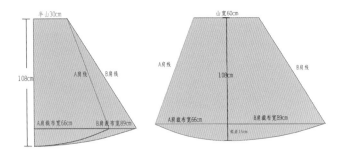

效果图：

十一、混合波帘头

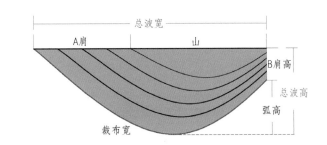

（1）按预设定规格拉出水波。

（2）调整好 A 肩宽、镂空宽、镂空高、落差与整个水波的比例。

（3）测量出山宽 A、B 两肩裁布宽。

（4）两肩裁布宽各加 5 cm。

（5）捏折制作。

两肩裁布宽测量图示：

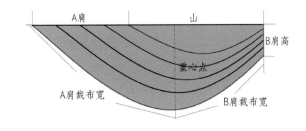

成品效果图:

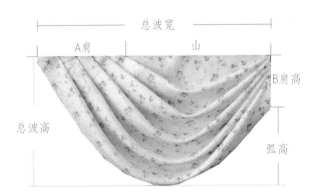

（1）按需要设定好水波的宽和高。
（2）设定水波 A 肩宽、山宽、B 肩高。
（3）用绳拉出水波。
（4）测量出水波 A、B 肩裁布宽。
（5）两肩裁布宽各加 5 cm 剪裁。
（6）捏褶制作。

十二、镂空混合波帘头

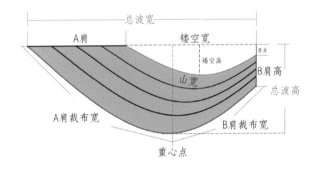

成品效果图:

5 窗帘制作实例

5章 窗帘制作实例

76 款案例，装饰您的窗。

案例 1

效果图：

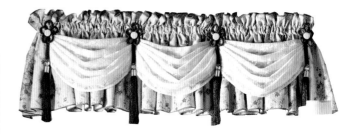

1. 制作要点

（1）将布料按抽带倍数下料。

（2）抽皱平幔布上下包边。

（3）将四线抽带下压 6 cm，车在帘头布背面。

（4）将平幔抽出褶皱。

（5）规划好镂空上褶波尺寸。

（6）剪裁制作上褶波，并固定在抽带帘头上。

（7）包好扣子。

（8）将挂球盘好造型固定在帘头上。

（9）将魔术贴车在抽带背面。

2. 所需要的材料

（1）四线抽带。

（2）紫色 3 cm 包边布。

（3）挂球。

（4）布包扣。

裁剪图：

宽＝窗宽x2.8倍

帘头布

高40cm

镂空上褶波
宽 50 cm
高 40 cm

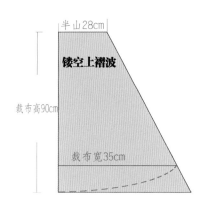

半山28cm

镂空上褶波

裁布高90cm

裁布宽35cm

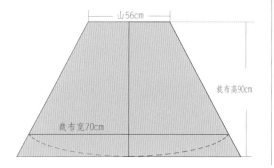

山56cm

裁布高90cm

裁布宽70cm

案例 2

效果图:

帘头图:

1. 制作要点

（1）将布衬剪出造型，烫好主布，做里布。

（2）配色布烫上纸衬，与主平幔错位剪出造型后做上里布。

（3）将配色布车缝在主平幔上，缝份压上蕾丝花边。

（4）将蝴蝶结做好，粘在平幔上。

2. 所需要的材料

（1）布衬、纸衬。

（2）配色布。

（3）1 cm 蕾丝花边。

裁剪图：

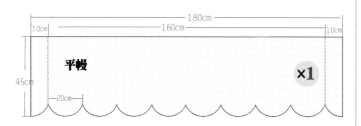

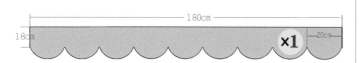

案例3

效果图：

帘头图：

裁剪图：

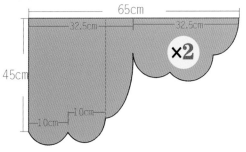

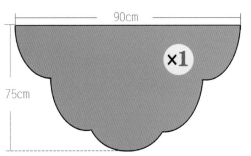

1. 制作要点

（1）将布衬按造型剪好，然后烫上主布，做好里布。

（2）在制作好的平幔上剪出扣眼，压好金属扣。

（3）裁好边旗，并捏褶制作。

（4）平幔、边旗组合，在顶部车上魔术贴。

（5）将布条穿过扣眼，打好蝴蝶结。

2. 所需材料

（1）配色布（粉红、果绿）。

（2）布衬。

（3）金属扣。

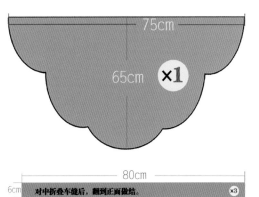

案例 4

效果图：

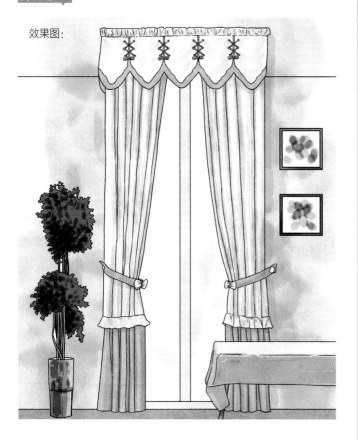

帘头图：

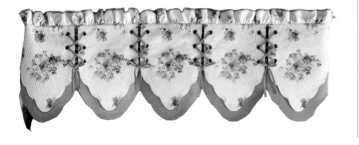

1. 制作要点

（1）先剪出布衬造型，烫在天蓝配色布上，做好里布。
（2）规划好花位大小，剪出布衬，对花位烫在主布上，做好里布。
（3）在对花位平幔上打出小孔，钉上金属扣。
（4）用抽皱压脚制作好平幔顶部的荷叶边。
（5）将主平幔、对花位平幔及荷叶边组合缝制。
（6）车好蓝色包边布，沿扣眼打上蝴蝶结。

2. 所需材料

（1）配色布（蓝色）。
（2）金属扣。
（3）布衬。
（4）蓝色包边布。

裁剪图：

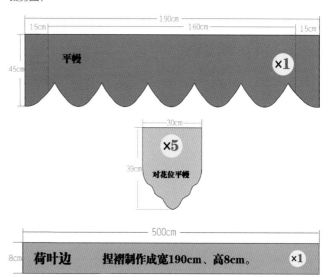

案例5

效果图:

帘头图:

1. 制作要点

（1）将布衬剪出造型后烫上主布，做好里布。

（2）按平幔尺寸拉绳测出水波大小规格后剪裁捏褶制作。

（3）制作双层中旗、边旗。

（4）将水波、平幔、中旗、边旗组合缝制。

2. 所需材料

（1）配套条纹布。

（2）布衬。

裁剪图:

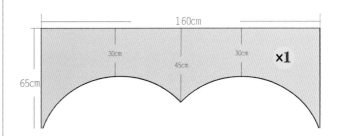

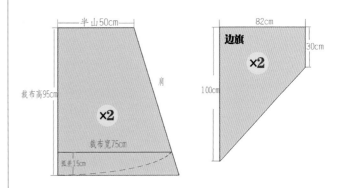

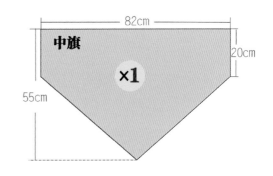

案例6

效果图：

帘头图：

1. 制作要点

（1）对花位裁好做底衬的纱，烫上布衬，做好里布。

（2）裁出4片做造型的白纱，拼接成1片后，上部10 cm对折后用抽皱器制作出褶皱。

（3）将抽好皱的纱和平幔车缝在一起。

（4）制作蝴蝶结，束起白纱。

（5）将白纱下摆打开固定。

2. 所需材料

（1）配色布（果绿）。

（2）布衬。

裁剪图：

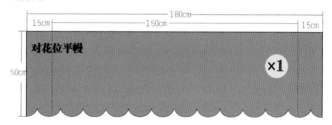

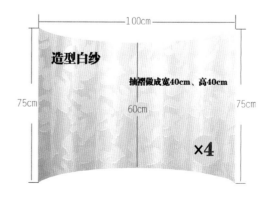

案例 7

效果图:

帘头图

1. 制作要点

（1）先将布衬按平幔造型剪裁，然后烫上主布，做好里布。

（2）剪裁好平幔双层边旗、中旗，底层和上层分开层次，烫上主布、做好里布。

（3）裁剪镂空水波、边旗，制作捏褶。

（4）镂空水波、平幔、边旗、中旗组合缝制好后车上腰头。

2. 所需材料

（1）配色布（粉、紫）。

（2）布衬。

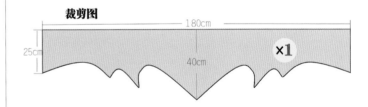

裁剪图

180cm

25cm

40cm

×1

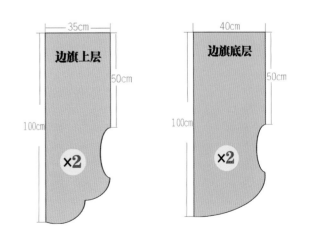

35cm

边旗上层

50cm

100cm

×2

40cm

边旗底层

50cm

100cm

×2

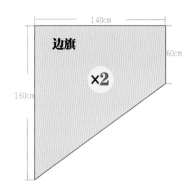

半山31cm

镂空波

宽80cm×高55cm

裁布高105cm

×2

裁布宽74.5cm

140cm

边旗

×2

60cm

160cm

25cm

×1

25cm

40cm

15cm

13cm

25cm

×1

10cm

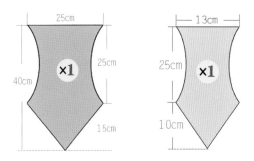

案例8

效果图:

帘头图:

1. 制作要点

（1）将布衬按造型剪出，然后将碎花主布烫在布衬上。

（2）将烫主布的平幔用紫色配色布做里布。

（3）将平幔中部对接处折叠，打出小孔，安装好金属扣。

（4）裁剪镂空水波、边旗并捏褶制作好。

（5）将制作好的平幔、水波、边旗组合缝制。

2. 所需材料

（1）布衬。

（2）配色布。

（3）包边布。

（4）金属扣。

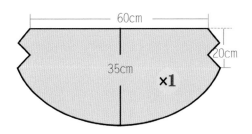

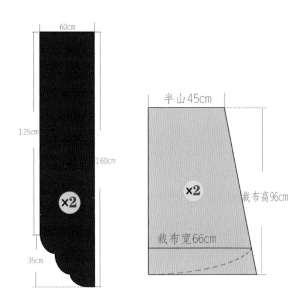

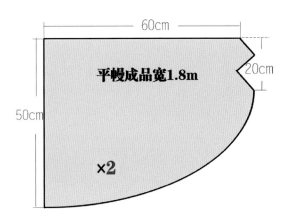

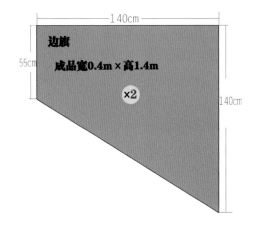

案例 9

效果图：

制作要点

（1）将布衬按款式要求剪出造型，上下两层分别烫上配色条纹布、蓝色棉布后做好里布。

（2）参照平幔波浪，确定镂空上褶波规格后进行剪裁、捏褶制作。

（3）用抽皱器制作出荷叶边。

（4）制作中旗、布艺装饰花。

（5）平幔、中旗、镂空上褶波组合缝制好后，中间缝上布艺装饰花。

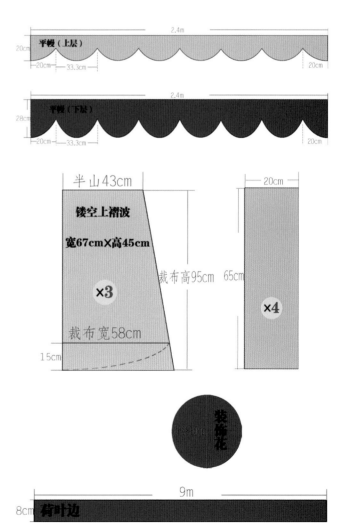

平幔（上层）　2.4m　20cm　20cm　33.3cm　20cm

平幔（下层）　2.4m　28cm　20cm　33.3cm　20cm

半山43cm

镂空上褶波

宽67cm×高45cm

裁布高95cm

×3

65cm　20cm

×4

裁布宽58cm

15cm

装饰花

9m

8cm　荷叶边

帘头图：

案例 10

效果图：

帘头图：

1. 制作要点

（1）将纸衬烫在深紫色布料上，剪裁造型、制作里布，做出第一、
　　　第二层平幨。

（2）将布衬剪出造型，烫在浅紫色布料上，做好里布，做出第三层平幨。

（3）计算出镂空上褶波规格，剪裁捏褶制作好后，边用包边器包好。

（4）裁剪浅紫色布料，用抽皱器抽出褶皱后车在第一层平幨上。

（5）制作蝴蝶结，在第二层平幨上打孔，压上金属扣后，用紫色布绳穿插，
　　　吊住蝴蝶结。

（6）将平幨组合缝制好后，镂空上褶波固定在第一层和第二层中间。

2. 所需材料

（1）纸衬。

（2）布衬。

（3）金属扣。

（4）配色布。

（5）包边布。

裁剪图：

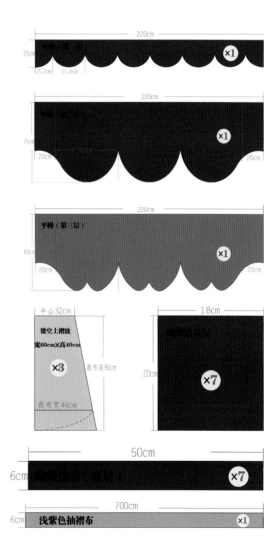

案例 11

效果图:

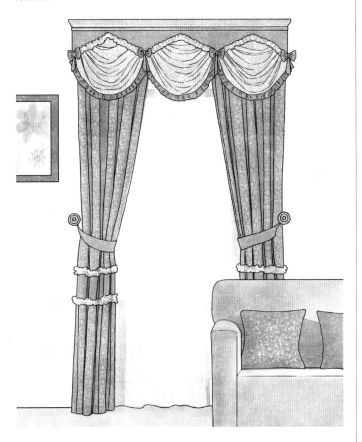

帘头图:

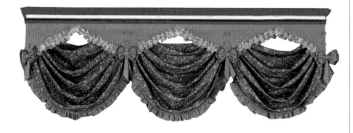

1. 制作要点

（1）将布衬剪出造型，烫好主布，做里布。

（2）规划好镂空上褶波尺寸，剪裁捏褶制作。

（3）剪出荷叶边，蝴蝶结布料。

（4）用抽皱器抽出荷叶边，然后车在拼接好的镂空上褶波上。

（5）用包扣机包好扣子，做好蝴蝶结。

（6）平幔、水波组合后，钉上扣子和蝴蝶结。

2. 所需材料

（1）布衬。

（2）扣子。

（3）蕾丝花边。

裁剪图:

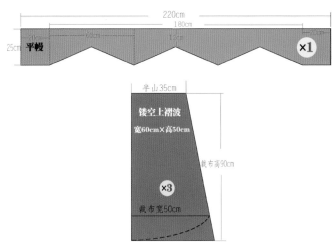

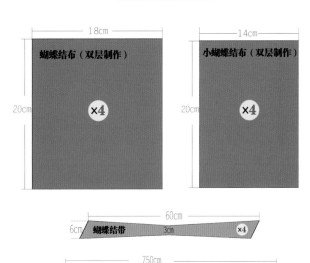

案例 12

效果图：

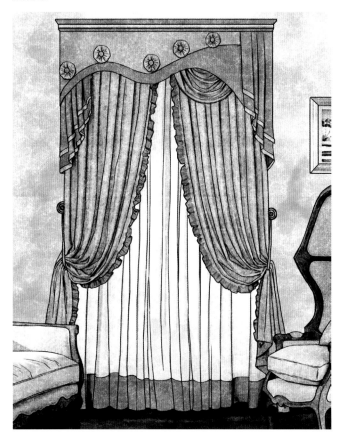

帘头图：

1. 制作要点

（1）将布衬剪出造型，烫上果绿布，做好里布（格子花布平幔不需要做里布）。

（2）将格子花布平幔与果绿平幔缝合在一起。

（3）剪裁水波与边旗，并捏褶制作，在边旗上车上蕾丝花边。

（4）将水波、边旗、平幔组合缝制。

（5）在平幔上粘上装饰布艺花。

2. 所需材料

（1）布衬。

（2）扣子。

（3）蕾丝花边。

（4）配色布（果绿净色布、格子花布）。

裁剪图：

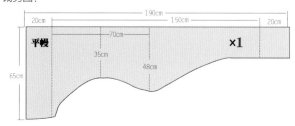

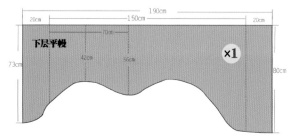

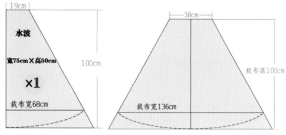

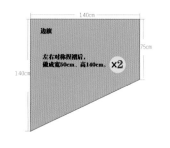

案例 13

效果图:

帘头图:

1. 制作要点

（1）先将布衬剪出造型，烫在主布上，做好里布。

（2）剪出外折旗，做好里布。

（3）剪出边旗，捏褶制作。

（4）裁剪布衣装饰花，制作花饰。

（5）将平幔、旗组合缝制后，将布衣花固定在平幔上。

2. 所需材料

（1）主布。

（2）紫色配色布。

（3）布衬。

裁剪图:

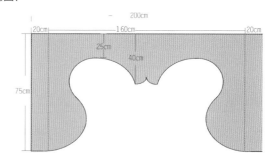

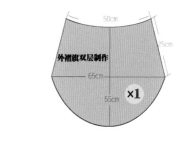

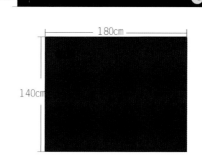

案例 14

效果图:

帘头图:

1. 制作要点

（1）按窗帘宽度计算出水波的个数及规格。
（2）裁出主布水波。
（3）按照主布水波规格裁剪配色布，拼接在主布水边上。
（4）将5个波拼接，然后在背面车上两线抽带。
（5）打皱器车出荷叶边，上在水波上。
（6）抽紧抽带，理出造型。

2. 所需材料

（1）配色布两种。
（2）两线抽带。

裁剪图:

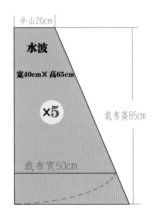

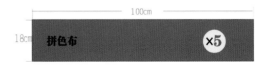

案例 15

效果图：

帘头图：

1. 制作要点

（1）规划好水波尺寸，将水波做好。
（2）按水波造型剪出平幔，制作好里布。
（3）剪出中间的拼色平幔，制作好里布。
（4）裁剪出边旗。
（5）将平幔水波组合缝制。
（6）将水晶扣粘在平幔上。

2. 所需材料

（1）布衬。
（2）水晶扣。

裁剪图：

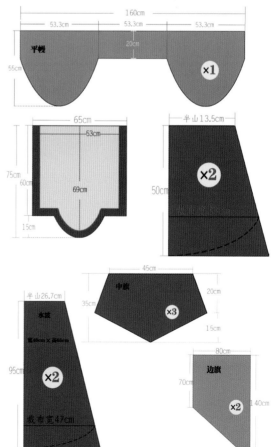

案例 16

效果图：

帘头图：

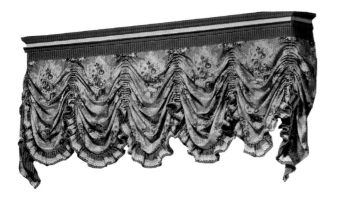

制作要点

（1）按窗款计算水波宽与高。

（2）剪出水波面料并拼接。

（3）在接缝处车上二线抽带。

（4）裁一片宽 8 cm、长 15 cm 的粉色配色布，车上蕾丝花边，然后用抽皱器抽出褶皱。

（5）将荷叶边车在水波下部。

（6）抽出水波褶，并车上粉色腰头。

帘头图：

8cm　腰头　220cm　×1

水波　18cm　110cm　裁布宽45cm　×6

36cm　裁布高110cm　裁布宽90cm

注：左右两边半个波，将一个完整波布料对中剪开，然后拼接在左右两边。

8cm　荷叶边　抽褶后做成570cm　1500cm　×1

案例 17

效果图：

帘头图：

1. 制作要点

（1）将深红、白色配布裁好，烫上纸衬，并拼接成宽 15 cm、长 1.8 m 布条备用。

（2）将主布、白色配布、雪纱叠在一起后用抽皱器抽皱。

（3）将拼接好的腰头和抽好皱的帘头布组合缝制。

2. 所需材料

（1）配色布。

（2）雪纱。

裁剪图：

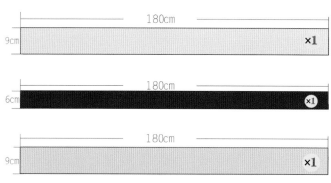

烫好衬后，拼接制作成高15cm、长180cm的腰头。

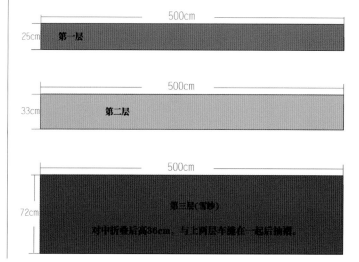

对中折叠后高36cm，与上两层车缝在一起后抽褶。

案例 18

效果图:

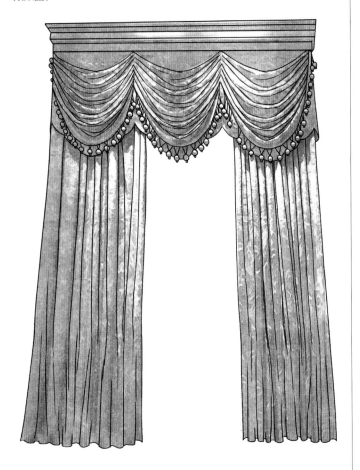

帘头图:

1. 制作要点

（1）按窗宽规划好尺寸，将布衬剪出造型。

（2）将布衬烫在主布上，并做好里布。

（3）按平幔造型做出水波，并车上花后将 3 个水波拼接在一起。

（4）制作腰头，拼接在平幔上。

（5）将水波固定在平幔上。

2. 所需材料

（1）布衬。

（2）花边。

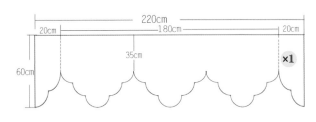

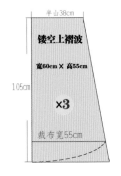

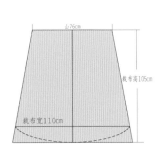

案例 19

效果图：

帘头图：

1. 制作要点

（1）剪裁出布衬，烫上主布，做好里布。

（2）剪裁边上小平幔，并做好里布。

（3）规划水波边旗尺寸，剪裁制作。

（4）将平幔、水波、边旗、小平幔组合缝制。

（5）车上腰头，用胶枪将装饰绳粘上。

2. 所需材料

（1）装饰绳。

（2）花边。

（3）布衬。

（4）挂球。

（5）冰花绒。

（6）6 cm 绣花边。

裁剪图：

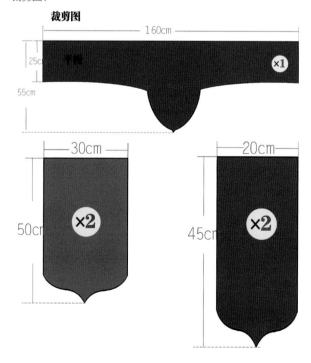

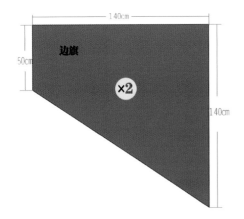

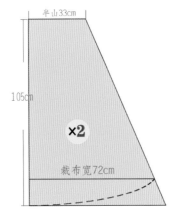

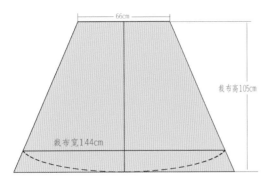

效果图:

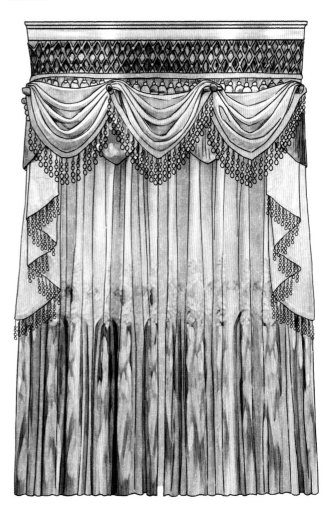

帘头图：

1. 制作要点

（1）将布衬剪出造型，烫上绒布，做好平幔。

（2）将绒布做好菱形褶。

（3）菱形褶与平幔拼接。

（4）裁剪水波旗捏褶制作。

（5）平幔、水波、旗组合缝制。

2. 所需材料

（1）小水晶扣。

（2）绒球花边。

（3）珠子花边。

裁剪图：

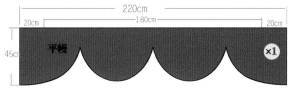

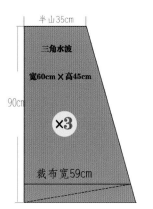

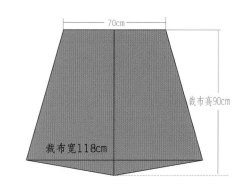

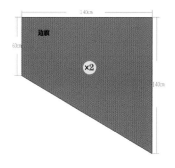

案例 21

效果图：

帘头图：

1. 制作要点

（1）将平幔剪裁成宽 200 cm、高 70 cm 并剪出造型，上好里布。

（2）将主布剪出花位，烫在平幔上，用紫色的小花边压住缝份，上部粘上装饰绳。

（3）规划好水波尺寸、剪裁、捏褶、制作。

（4）水波平幔组合缝制。

2. 所需材料

（1）B 版粉色布。

（2）装饰绳。

（3）珠子花边。

（4）1 cm 紫色小花边。

裁剪图：

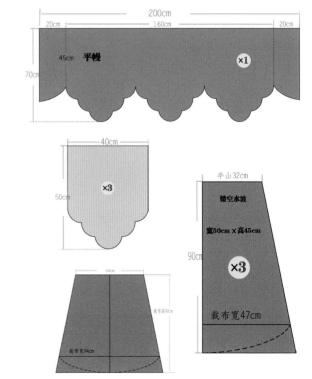

案例 22

效果图:

帘头图:

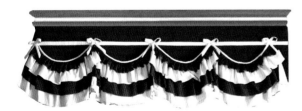

1. 制作要点

（1）将布衬剪出宽 2 m、高 0.33 m 备用。

（2）平幔布拼色拼接好后烫在布衬上，做好里布。

（3）用抽皱器抽出荷叶边。

（4）将荷叶边组合缝制后固定在平幔上。

2. 所需材料

（1）布衬。

（2）配色布（白色）。

裁剪图:

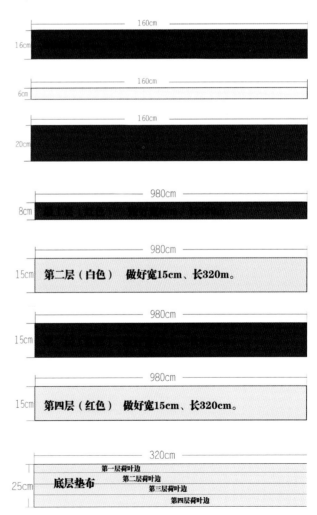

案例 23

效果图：

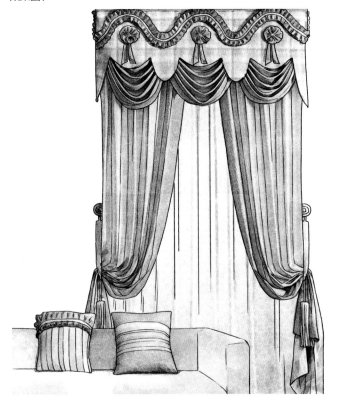

帘头图：

制作要点

（1）按照造型要求剪出布衬。

（2）将主布烫在布衬上，做好平幔里布。

（3）规划好水波规格，剪裁制作水波。

（4）将布裁成 12 cm 宽，捏好工字褶备用。

（5）剪裁蝴蝶结布料，制作好蝴蝶结备用。

（6）在平幔上画好弧线，将工字褶车上，并压上蕾丝花边。

（7）平幔与水波组合缝制。

（8）将蝴蝶结定在平幔上。

裁剪图：

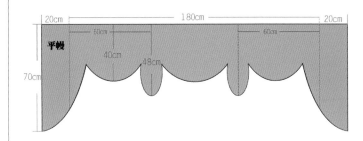

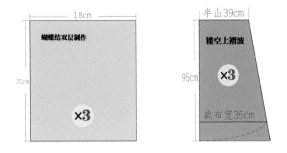

案例 24

效果图:

帘头图:

1. 制作要点

（1）将宽 160 cm、高 25 cm 的平幔裁剪做好。

（2）裁剪水波边旗，并捏褶做好。

（3）制作中间小平幔。

（4）在平幔上定好直线，将水波、边旗车缝上去，将花压住缝份。

2. 所需材料

（1）绒面配色布。

（2）珠子花边。

（3）1 cm 小花边。

裁剪图:

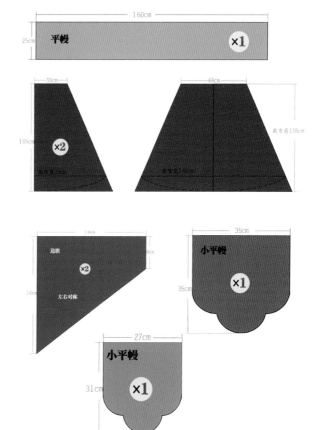

案例 25

效果图:

帘头图:

1.制作要点

（1）剪出双层平幔造型，烫好面布，做好里布。
（2）做出水波模板，分色剪裁，然后拼接缝制。
（3）剪裁边旗，捏褶制作。
（4）制作好腰头，将平幔水波、边旗组合缝制在腰头上。

2.所需材料

（1）布衬。
（2）配色布。
（3）珠子花边。

裁剪图:

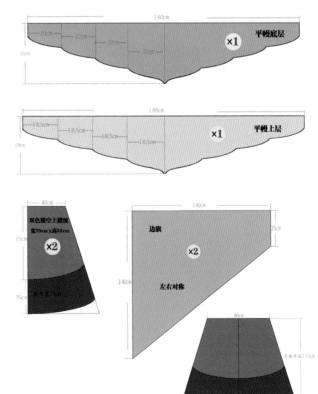

案例 26

效果图:

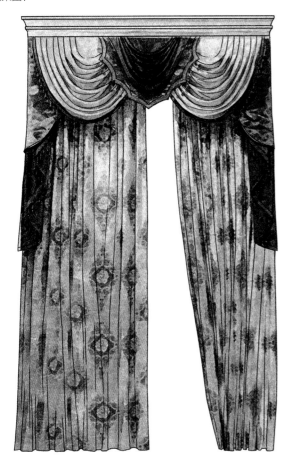

帘头图:

1. 制作方法

注：本款帘头全部用配色布制作，在展现效果的同时能更好地降低成本。

（1）先剪裁好平幔，烫好衬，做好里布。

（2）剪裁好水波、镂空水波，捏褶制作，制作好后车上花边。

（3）将装饰绳粘在平幔、镂空水波边缘。

（4）按尺寸制作好腰头，然后将水波、边旗、平幔组合缝制。

2. 所需材料

（1）布衬。

（2）三款配色布（深蓝、米黄、深紫）。

（3）珠子花边。

（4）装饰绳。

裁剪图:

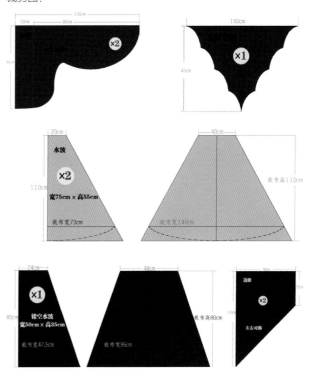

案例 27

效果图：

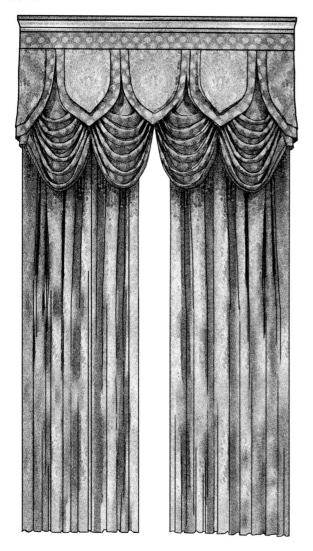

帘头图：

1. 制作要点

（1）测量出主布花位大小，按花位尺寸剪裁好平幔布衬造型，然后烫好衬，做好里布。

（2）剪裁好水波，制作好后拼接，车上花边。

（3）制作好腰头，将平幔水波与腰头一起组合缝制。

2. 所需材料

（1）布衬。

（2）珠子花边。

裁剪图：

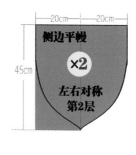

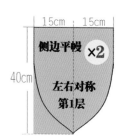

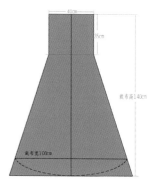

案例 28

效果图:

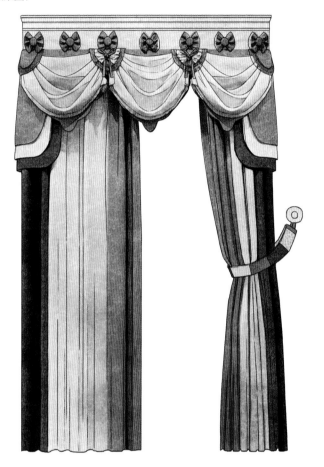

帘头图:

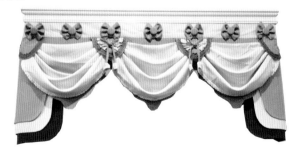

1. 制作要点

（1）规划好帘头尺寸、水波尺寸及各部分比例。

（2）剪裁布衬、烫主布，制作里布。

（3）按照规划好的尺寸制作好镂空上褶波，并车上蕾丝花边。

（4）制作好半圆装饰花位。

（5）将平幔、水波、装饰花位与腰头组合缝制。

（6）包好扣子，制作结带之后粘在腰头上。

2. 所需材料

（1）布包扣。

（2）蕾丝花边。

（3）布衬。

裁剪图:

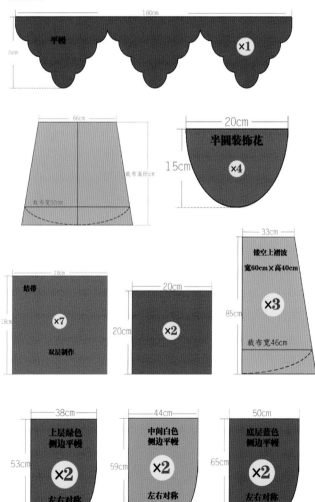

案例 29

效果图：

帘头图：

1. 制作要点

（1）先把规划好的平幔尺寸制作好主花位平幔，上好里布。

（2）按主平幔造型剪好配色平幔。

（3）将配色平幔缝制在主平幔上，并粘上装饰绳。

（4）剪裁制作好镂空水波、边旗，并将水波、边旗、平幔组合缝制。

2. 所需材料

（1）意大利绒布。

（2）珠子花边。

（3）布衬。

（4）装饰绳。

裁剪图：

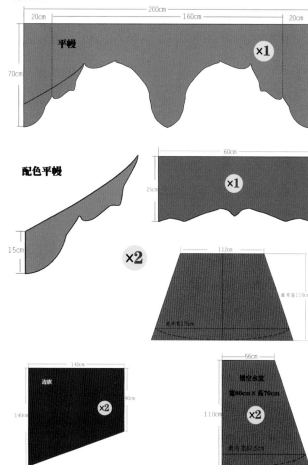

案例 30

效果图：

帘头图：

1. 制作要点

（1）将布衬剪除造型，烫上红色绒布，做好里布。
（2）将主布烫上纸衬，按主布平幔剪出造型，缝在主平幔上，粘上
　　　1 cm 宽小花边遮住缝份。
（3）将镂空波、边旗、捏褶制作。
（4）平幔、镂空波边旗组合缝制。

2. 所需材料

（1）布衬。
（2）1 cm 小花边。
（3）配色绒布。
（4）花边。

裁剪图：

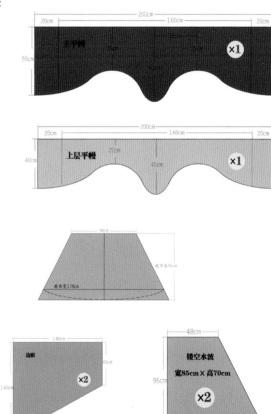

案例 31

效果图：

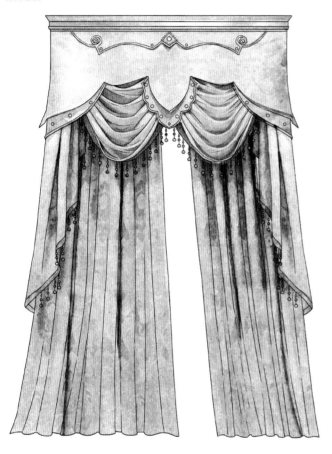

帘头图：

1. 制作要点

（1）剪出平幔造型，烫出主布，并用布衬，做好里布。

（2）剪出配色蓝色平幔造型，烫好蓝色配色布，做好里布，拼接缝制在主平幔上。

（3）在平幔上粘上装饰绳，平底水晶扣。

（4）根据平幔大小剪裁水波、边旗并捏褶制作。

（5）将水波、边旗拼接在一块高 30 cm 平布上，再和平幔一起组合缝制。

2. 所需材料

（1）布衬。

（2）装饰绳。

（3）平底水晶扣。

（4）配色雪尼尔。

裁剪图：

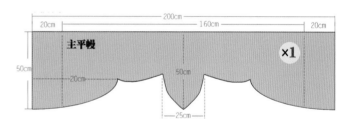

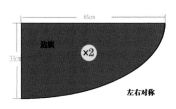

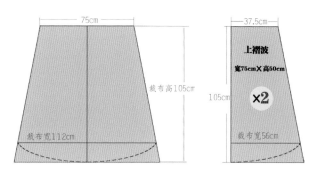

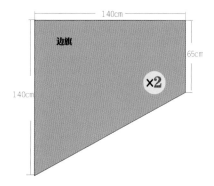

效果图：

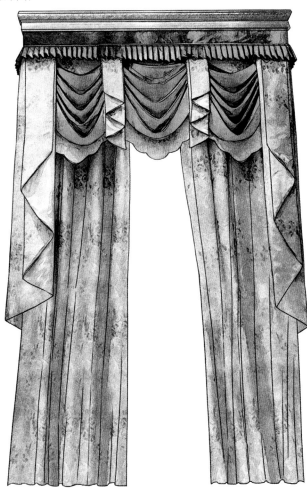

帘头图：

1. 制作要点

（1）用布衬剪出造型，将主布烫好，做好里布。

（2）剪出边旗、中旗后做好里布并捏褶制作。

（3）按平幔尺寸计算镂空上褶波，并剪裁捏褶缝制。

（4）用绒布制作好荷叶边。

（5）将腰头烫好纸衬，制作成双层高 10 cm、宽 2.2 m 布条备用；

（6）将平幔、水波、中旗、边旗、荷叶边组合缝制好后，中间夹上
细镶边绳，缝上腰头。

2. 所需材料

（1）布衬。

（2）里子布。

（3）细镶边绳。

（4）纸衬。

裁剪图：

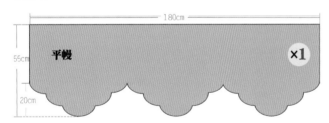

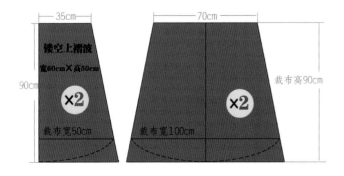

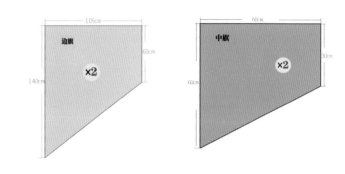

案例 33

效果图:

帘头图:

1. 制作要点

（1）将雪尼尔布用机器缝纫成菱形格，烫上布衬，做好里布。
（2）将布衬剪出造型，烫好主布，做好里布。
（3）规划好镂空上褶波的尺寸，剪裁制作。
（4）将水波和绿色平幔拼接，然后缝制上主布平幔。
（5）粘上珍珠粒、金色细绳和缨穗。

2. 所需材料

（1）绿色雪尼尔布。
（2）布衬。
（3）1cm小花边。
（4）紫色花边。
（5）装饰珍珠粒。
（6）金色细装饰绳。
（7）缨穗。

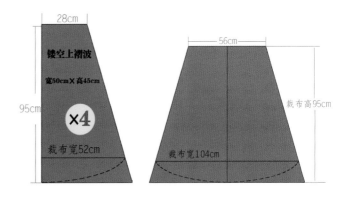

案例34

效果图：

帘头图：

1. 制作要点

（1）将布衬按照造型剪好（对花），主布造型也用宝蓝色包边布镶
    边后，制作好里布。
（2）规划好镂空上褶波后，剪裁捏褶缝制。
（3）将布衬剪裁出边旗造型，烫上绒布，将细绳包在金色包边布中
    间后，夹在中间缝制里布，缝制好后翻转烫平。
（4）将边旗、水波拼接在高 30 cm、宽 2.2 m 的连接布上，和主
布平幔、
    筒旗拼接缝制。
（5）将宝蓝色绒布烫上纸衬，做成高 10 cm、宽 220 cm 的腰头后
    和平幔、水波连接在一起。

2. 所需材料

（1）布衬。
（2）金色包边布。
（3）缨穗。
（4）宝蓝色绒布。
（5）花边。

裁剪图：

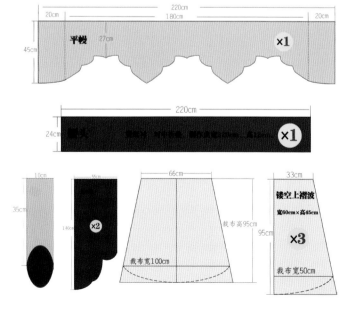

案例 35

效果图：

帘头图：

1. 制作要点

（1）本款两层平幔，用布衬裁好造型，将两层平幔做好。
（2）规划好高升波尺寸，剪裁制作。
（3）制作镂空水波，叠加边旗。
（4）制作腰头，然后将平幔、镂空波、高升波组合缝制。

2. 所需材料

（1）平底水晶扣。
（2）布衬。
（3）花边。
（4）配色布。

裁剪图：

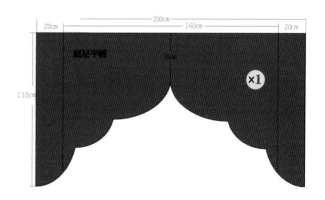

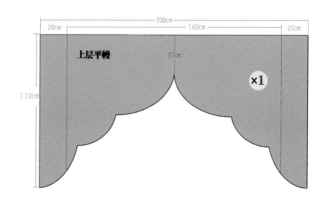

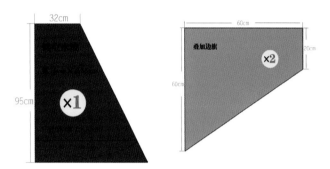

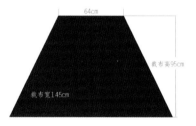

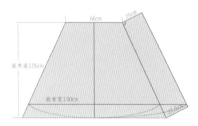

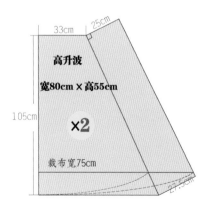

案例 36

效果图:

帘头图:

案例 37

效果图:

1. 制作要点

（1）按抽带倍数剪裁好平帘、边旗、中旗车上花边后缝纫在一起，车
上抽带，抽出所需宽度。
（2）规划镂空上褶波尺寸，剪裁并捏褶制作。
（3）将镂空上褶波固定在边旗、中旗上。
（4）在帘头抽带部位粘上水晶扣。

2. 所需材料

（1）四线抽带。
（2）3 cm 水晶扣。
（3）蕾丝花边。
（4）配色绒布。

裁剪图:

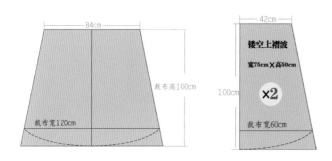

帘头图:

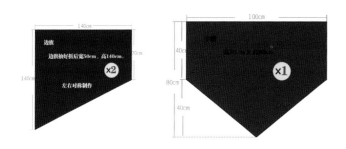

1. 制作要点

（1）将布衬剪好造型，烫上配色布，做好里布。

（2）主布烫好纸衬，剪出扇面造型，车缝在平幔上，粘上装饰花以及水晶扣。

（3）制作平幔上部菱形褶，按 2.8 倍褶下料，捏好工字褶后手工缝制菱形褶，然后粘上平底水晶扣。

（4）剪裁镂空水波、边旗，组合缝制后安装上菱形褶腰头。

2. 所需材料

（1）布衬。

（2）平底水晶扣。

（3）花边。

（4）装饰绳。

（5）10 cm 宽金边。

（6）配色布。

裁剪图:

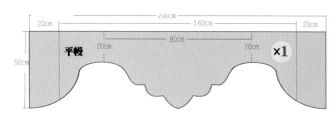

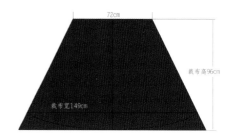

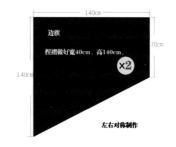

案例 38

效果图:

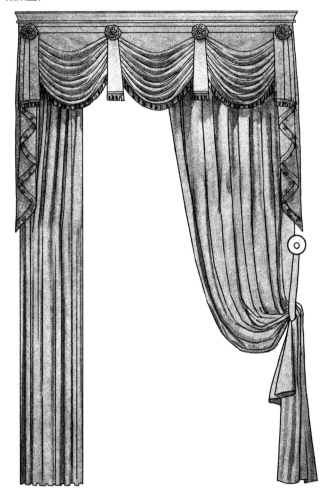

帘头图:

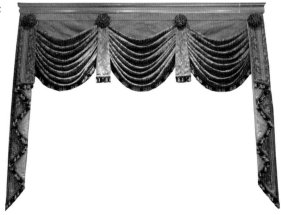

1. 制作要点

（1）将布衬剪成宽 220 cm、高 30 cm，烫上条纹布，做好里布。

（2）规划剪裁镂空上褶波，叠加边旗和中间筒旗，捏褶制作。

（3）制作好布衣装饰花。

（4）将镂空上褶波固定在平幔上，然后车上边旗、筒旗后和腰头进行拼接缝制。

（5）将布艺装饰花粘在平幔与腰头接缝处。

2. 所需材料

（1）布衬。

（2）花边。

裁剪图:

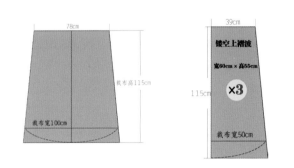

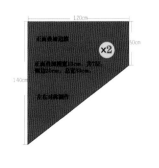

案例 39

效果图:

帘头图:

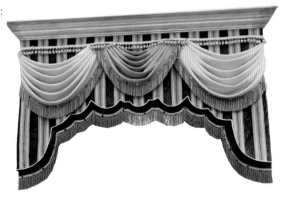

1. 制作要点

（1）本款是拼色平幔，为减小制作难度，按双层平幔制作，但底层拼色平幔高度从弧度最高点开始测量即可。

（2）将第一层平幔布衬剪出造型，烫上条纹布，将底部也包好边。

（3）将第二层蓝色拼色布衬按第一层造型剪好，烫好宝蓝配色布，和第一层平幔烫在一起后做上里布，在底部车上花边。

（4）按平幔尺寸规划出镂空水波，剪裁捏褶制作。

（5）将镂空波抽在平面上，压上绒珠花边挡住缝份。

2. 所需材料

（1）配色布。

（2）花边。

（3）布衬。

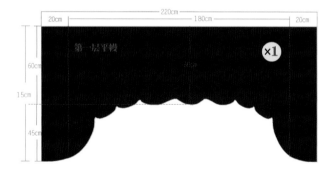

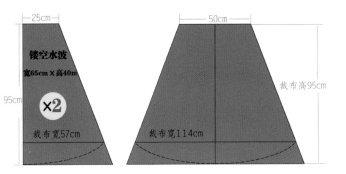

镂空水波
宽93cm×高55cm
×2

56cm
112cm
105cm
裁布高105cm
裁布宽79cm
裁布宽158cm

镂空水波
宽65cm×高40m
×2

25cm
50cm
95cm
裁布高95cm
裁布宽57cm
裁布宽114cm

案例 40

效果图:

帘头图:

1. 制作要点

（1）本款为左右两边双层平幔及中间双层造型平幔配镂空水波外褶旗组合缝制。

（2）将主平幔左右对称剪裁好，烫上配色布，上层紫色平幔包边。

底层车上排须花边。

（3）对花位剪裁中间造型平幔，包边、车花边。

（4）剪裁制作镂空水波、外褶旗。

（5）将平幔水波组合缝制后拼接腰头，最后粘上装饰绳。

2. 所需材料

（1）配色布。

（2）花边。

（3）装饰绳。

（4）包边布。

（5）布衬。

裁剪图：

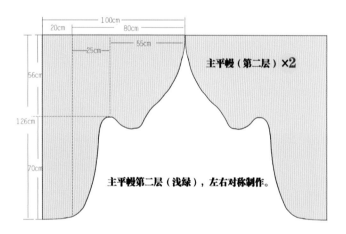

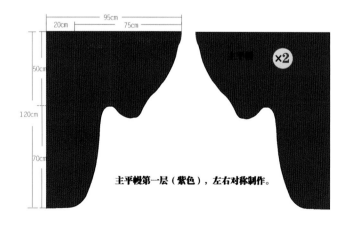

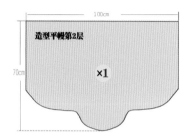

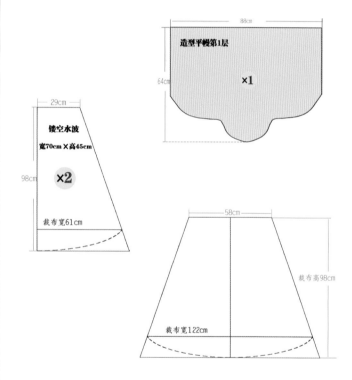

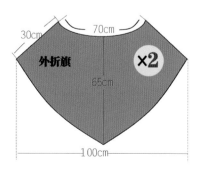

案例 41

效果图：

帘头图：

1. 制作要点

（1）将布衬按照造型剪好，对花位烫上主布，拼接成一个大平幔。

（2）制作好配色平幔。

（3）剪裁制作镂空水波及边旗。

（4）将水波与边旗组合缝制，然后压上正面配色平幔，粘上粉色装饰绳及钻扣。

2. 所需材料

（1）布衬。

（2）装饰绳。

（3）1 cm 花边。

（4）1 cm 直径平底水晶扣。

（5）花边。

裁剪图：

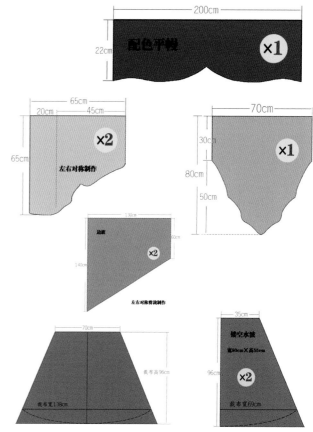

案例 42

效果图:

帘头图:

1. 制作要点

（1）双花位剪出平幔布，烫在按花型间距剪出弧度的布衬上，做好里布。

（2）将配色布一正一反折叠，然后对中折叠，也固定好做成装饰花。

（3）将米黄平帘布捏工字褶制作，然后与平幔组合缝制。

（4）粘上装饰花、亮银小花边。

2. 所需材料

（1）荷叶边花边。

（2）布衬。

（3）1 cm 亮银小花边。

（4）配色布。

裁剪图:

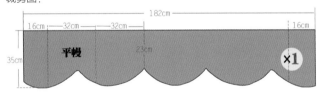

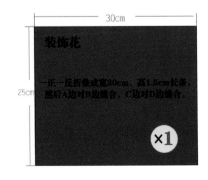

案例 43

效果图：

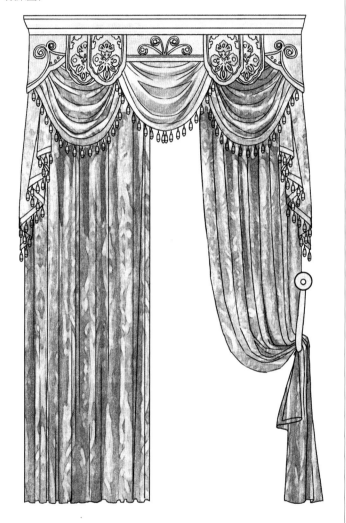

帘头图：

1. 制作要点

（1）将布衬按照造型剪出，烫上蓝色布，然后再将烫好的纸衬剪好与造型的咖色布缝合，粘上小花边挡住缝份。
（2）剪出 4 个花位，烫好纸衬和布衬，与做好里布的蓝色平幔缝合在一起，粘上花边挡住毛边。
（3）用粉笔在主平幔上画出造型，粘上金色小花边。
（4）剪裁制作镂空水波、边旗。
（5）将平幔水波边旗组合缝制。

2. 所需材料

（1）配色布。
（2）1 cm 宽金色小花边。
（3）珠子花边。
（4）水晶扣。

裁剪图：

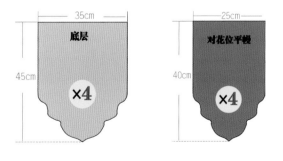

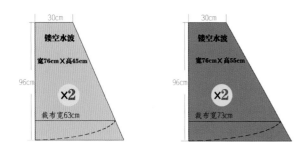

60cm

裁布高96cm

裁布宽146cm

30cm

镂空水波

宽76cm×高45cm

96cm

×2

裁布宽63cm

30cm

镂空水波

宽76cm×高55cm

96cm

×2

裁布宽73cm

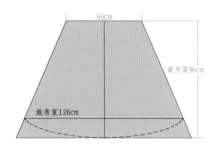

60cm

裁布高96cm

裁布宽126cm

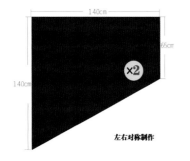

140cm

65cm

×2

140cm

左右对称制作

效果图：

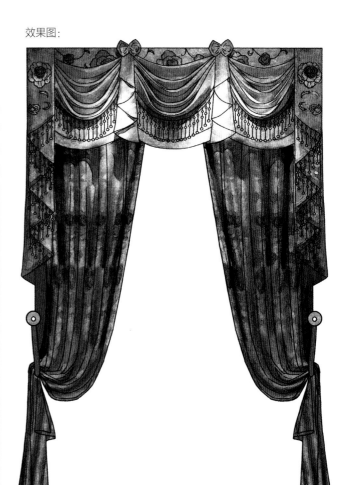

帘头图：

案例 45

1. 制作要点

（1）将平幔布衬剪出造型，烫上烫金配色布，做好里布。
（2）将主布烫上纸衬，领带中旗，叠加边旗，并捏褶制作。
（3）先将镂空上褶波固定在平幔上，然后压住中旗，边旗粘上蝴蝶结。

2. 所需材料

（1）布衬。
（2）珠子花边。
（3）配色布。

裁剪图：

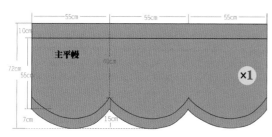

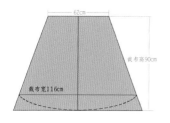

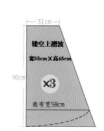

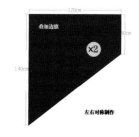

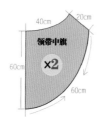

效果图：

帘头图：

1. 制作要点

（1）布衬按照造型剪出，对花位烫在主布上。
（2）条纹布烫在纸衬上，拼缝在主平幔上，将主平幔做好里布，并在
边沿粘上装饰绳。
（3）制作镂空水波、边旗。
（4）将镂空水波、边旗组合缝制在平幔上，然后将花边车上挡住缝份。

2. 所需材料

（1）布衬。
（2）花边。
（3）装饰绳。
（4）配色条纹布。
（5）挂球。
（6）水晶扣。

裁剪图：

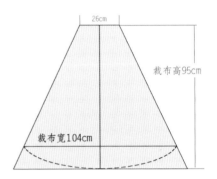

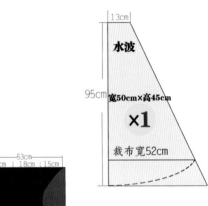

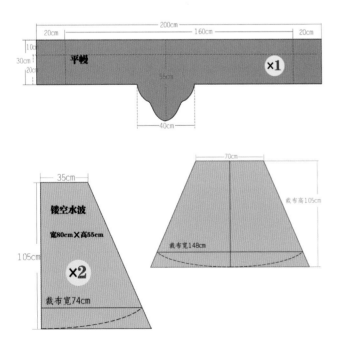

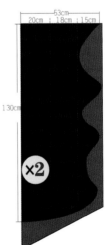

案例 46

效果图：

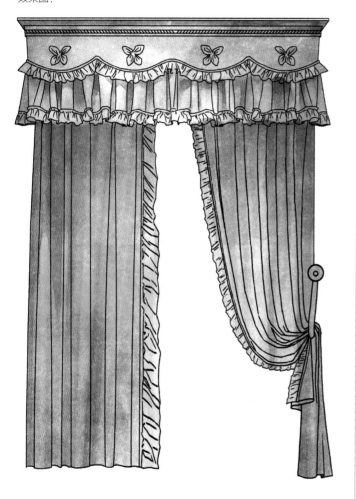

帘头图：

1. 制作要点

（1）先将布衬剪出造型，烫好主布，然后做好里布。
（2）将平帘按宽度乘倍数下料，车好两线抽带，抽成所需宽度。
（3）剪裁荷叶边布料，剪好后用抽皱器抽出褶皱。
（4）将荷叶边沿、平幔边沿以及平帘下部车缝。
（5）平幔、平帘组合缝制，在背面车上魔术贴后，将手工缝制好的装饰花粘在平幔上。

2. 所需材料

（1）布衬。
（2）两线抽带。
（3）荷叶边布。

裁剪图：

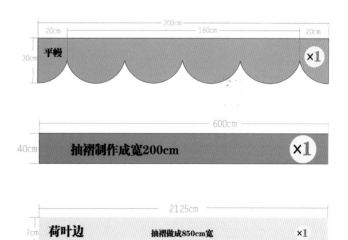

案例 47

效果图:

帘头图:

1. 制作要点

（1）将布衬剪出造型，烫上配色布，做好里布。
（2）在平幔上画出盘小花造型线条，将小花按线条造型粘在平幔上。
（3）规划好镂空上褶波，边旗尺寸，剪裁并捏褶制作。
（4）将镂空上褶波拼接后车上花边。
（5）将边旗、水波车缝在平幔上，缝份用小花边粘上挡住。

2. 所需材料

（1）布衬。
（2）1 cm 小花边。
（3）排须花边。
（4）配色布。

裁剪图:

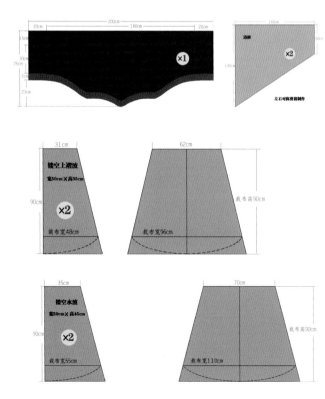

案例 48

效果图：

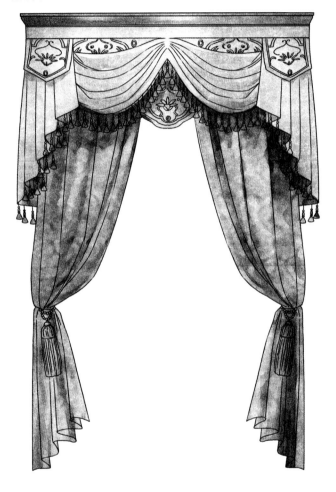

帘头图：

1. 制作要点

（1）本款为水平平幔，两侧旗上面对花位小平幔。

（2）裁出平幔布衬，烫上主布，做好里布。

（3）裁剪花位，大小剪好小平幔底层，烫上绒布，做好里布。

（4）在主布上烫上纸衬，剪出花位，拼接在制作好的小平幔上，边缘用小花挡住。

（5）剪裁制作镂空上褶波、边旗，然后固定在平幔上。

（6）将腰头布烫上纸衬，和平幔组合缝制好后，在腰头上画出 10 cm 正方形，粘上小花边和水晶扣。

2. 所需材料

（1）1 cm 小花边。

（2）绒珠高档花边。

（3）布衬。

（4）冰花绒布。

裁剪图：

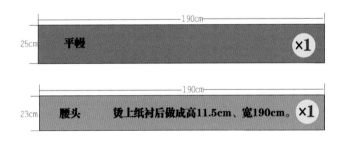

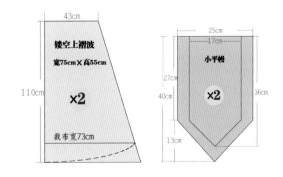

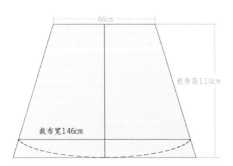

86cm

裁布高110cm

裁布宽146cm

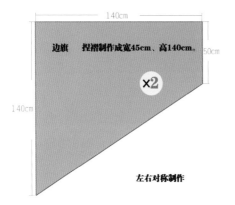

140cm

边旗　捏褶制作成宽45cm、高140cm。

50cm

×2

140cm

左右对称制作

案例 49

效果图:

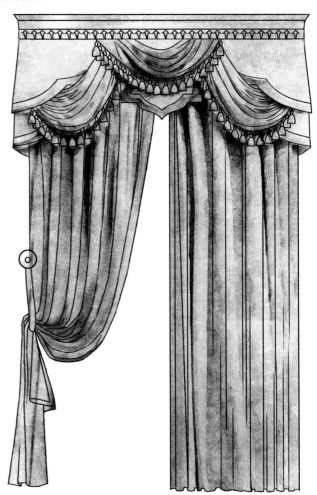

帘头图:

1. 制作要点

（1）先将主布烫上纸衬，剪出造型，把银色包边布包好绳子，沿主
　　　布边缘车缝好。
（2）布衬按主布造型尺寸加上配色边尺寸剪裁，然后沿边烫上深咖
　　　色配色布后，将主布平幔叠加上去，做好里布。
（3）将底层平幔边旗，按主平幔制作方法制作。
（4）规划制作好水波，然后和平幔组合缝制。
（5）腰头工字褶捏好后，手工缝出菱形和平幔水波组合缝制好，粘
　　　上水晶扣。

2. 所需材料

（1）配色绒布。
（2）水晶扣。
（3）银色包边布、绳。
（4）花边、吊穗。
（5）布衬。

裁剪图：

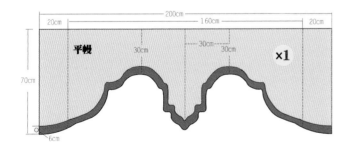

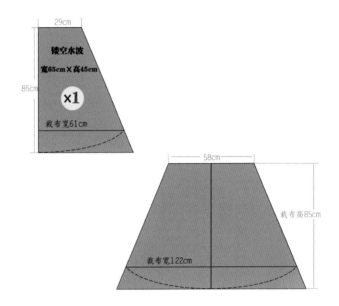

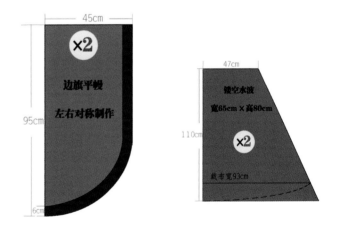

案例 50

效果图:

帘头图

1.制作要点

（1）将布衬烫在主布上，做好主平幔。
（2）纸衬烫在主布上，剪出花位，边缘用银色包边布包好的绳子车缝。
（3）将宝蓝色布烫在布衬上，中间夹上银色包边布包好的绳子车缝，做好里布。
（4）将花位贴在宝蓝色平幔上，然后将花位平幔和主平幔进行组合缝制。
（5）制作好水波与边旗，与平幔组合缝制。
（6）按花位剪出腰头，烫上纸衬后与平幔、水波组合在一起。

2.所需材料

（1）1 cm 小花边。
（2）宝蓝配色绒布。
（3）银色包边布、绳。
（4）珠子花边。
（5）布衬。

裁剪图:

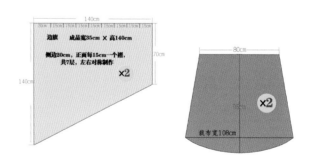

案例 51

效果图:

帘头图:

1. 制作要点

（1）将纸衬烫在浅黄布上，剪出造型，把银色包边布沿造型边车好之后，做上里布，翻转烫平。

（2）在平幔上画出造型，用胶枪沿画出的线条粘贴。

（3）制作好中间小平幔。

（4）先制作一个镂空水波，以该水波作为模板，分色裁剪后，剪出蓝色和米色两色，拼接后，捏褶制作双色波。

（5）把旗按尺寸剪出后，底边拼色，做上里布，然后将两层旗拼接之后再捏褶制作。

（6）将底层水波拼接在高 30 cm、宽 200 cm 的布条上，和前面的水波、旗、平幔一起组合缝制。

2. 所需材料

（1）配色布。

（2）银色包边布、绳。

（3）1 cm 平底亮片。

（4）珠子、花边。

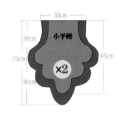

裁剪图:

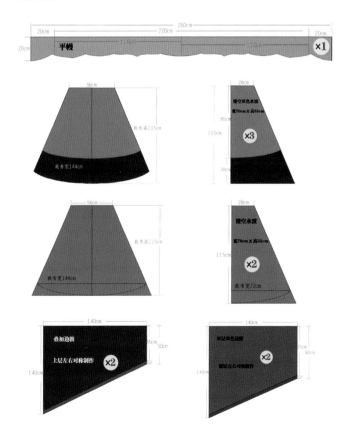

案例 52

效果图:

帘头图:

1. 制作要点

（1）布衬剪出造型，烫上红色配色布，做好里布后，画出贴水晶扣的造型，将水晶扣造型线粘贴好。

（2）布衬剪出小平幔造型，对花位烫在主布上，做上里布。

（3）制作上褶波，制作好后上面３个褶、下面３个褶剪开做模板，以此模板剪裁布料，评价后捏褶制作成双色水波。

（4）剪裁边旗，捏褶制作。

（5）将双色上褶波拼接在一片连接布上后和平幔边旗组合缝制，最后上腰头。

2. 所需材料

（1）配色布。
（2）1 cm 平底水晶扣。
（3）布衬。
（4）灯笼球花边。

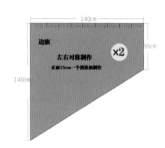

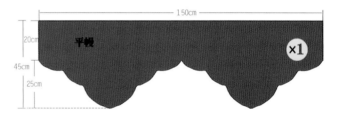

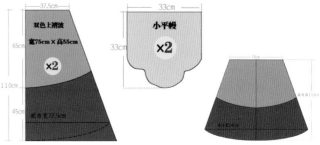

案例 53

效果图：

帘头图：

1. 制作要点

（1）先将布衬剪好造型后烫在主布上，将金色包边布包上绳边沿车好，再车好里布。

（2）将中间对花位平幔按主平幔制作方法做好。

（3）制作两侧上褶波。

（4）将对花位平幔、上褶波车缝在主平幔上，粘上吊穗，做好腰头。

2. 所需材料

（1）意大利绒布。

（2）1.5 cm 宽小花边。

（3）金色包边布、绳子。

（4）吊穗。

（5）布衬。

裁剪图：

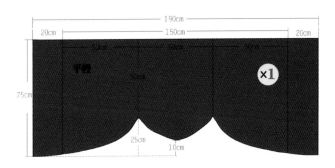

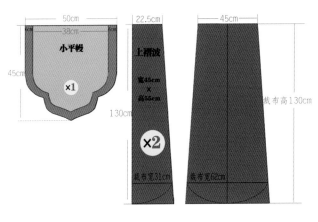

案例 54

效果图：

帘头图：

1. 制作要点

（1）按窗宽测量出水波个数，每个波宽在 60 ~ 75 cm 之间。

（2）剪出底层平幔造型。

（3）上层平幔宽 = 底层宽 −7.5 cm, 高 = 底层高 −5 cm 剪裁。

（4）剪好平幔后分别烫上布衬，做好里布。

（5）做好平幔后，水波按平幔规格制作。

（6）双层平幔组合缝制后，将车好花边的水波、旗与平幔组合缝制，最后车上腰头。

2. 所需材料

（1）主布。

（2）墨绿配色布。

（3）花边、银色镶边绳。

（4）布衬、吊穗。

裁剪图：

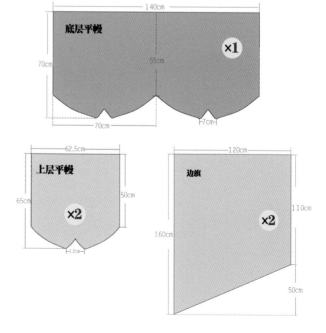

腰头 ×1

180cm

16cm

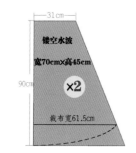

31cm

镂空水波

宽70cm×高45cm

×2

90cm

裁布宽61.5cm

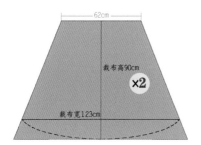

62cm

裁布高90cm

×2

裁布宽123cm

案例 55

效果图:

帘头图:

1. 制作要点

（1）剪裁主布，烫好布衬，做里布。

（2）按大混合波宽 80 cm、高 60 cm；小混合波宽 60 cm、高 50 cm 规画好各部位尺寸。

（3）剪裁好混合波，捏褶制作。

（4）大边旗成品宽 40 cm、高 160 cm；小边旗成品宽 40 cm、高 140 cm，剪裁边旗里布，捏褶制作。

（5）在平幔上定好点，将混合波、边旗组合缝制后，车上腰头。

2. 所需材料

（1）主布、里布。

（2）布衬、花边。

裁剪图：

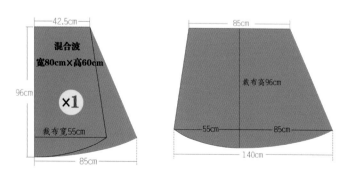

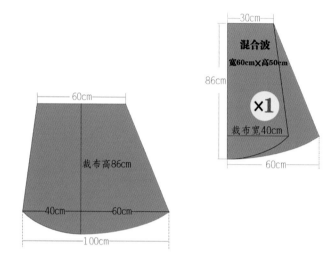

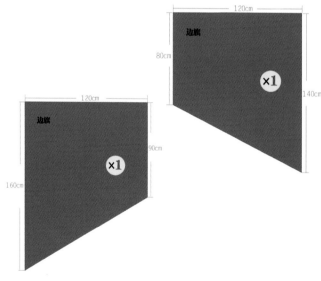

案例 56

效果图：

帘头图：

1. 制作要点

（1）将红色帘头布裁一片宽 5 m、高 1.2 m 的布料。

（2）将布料捏成宽 1.8 m 帘头（第 1 个褶做好宽 0.2 m，第 2 个褶做好宽 0.4 m，第 3 个褶做好宽 0.6 m，第 4 个褶做好宽 0.4 m，第 5 个褶做好宽 0.2 m）。

（3）做好褶后从底布褶内侧车二线抽带。

（4）沿帘头底部车上花边，顶上车上魔术贴及荷叶边。

（5）将抽带抽成第 1 个褶高 0.6 m，第 2 个褶高 0.7 m，中间高 0.8 m。

2. 所需材料

（1）配色布、白色荷叶边布。

（2）二线抽带。

（3）珠子花边。

裁剪图：

案例 57

效果图：

帘头图：

1. 制作要点

（1）规划好水波宽度、高度。

（2）按超宽、超高水波制作方式剪裁制作水波。

（3）制作好水波后，车好花边。

（4）将波挂在立体剪裁板上，再将其上3个褶从中间拎起固定在水波正中间。

（5）用布艺花装饰中间褶皱。

（6）车好中褶后，波与旗拼接，魔术贴车正面。

2. 所需材料

（1）主布、花艺配布。

（2）黄色排须花边。

（3）吊穗。

裁剪图：

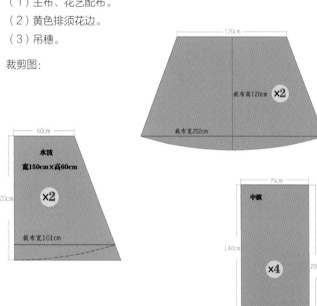

对中折叠后，错位卷成布花状

案例 58

效果图:

帘头图:

1. 制作要点

（1）先用布衬剪出底层大平幔，做好里布。

（2）用米色、红色碎花配色布剪出上面两层平幔并烫衬制作，压上1 cm平底花边。

（3）规划好镂空水波和旗的尺寸。

（4）剪裁好镂空水波、边旗尺寸后捏褶制作，车好花边。

（5）在底层平幔往下10 cm处定点，将水波和边旗按点位图固定在平幔上。

（6）上面两层平幔组合缝制后，与缝好波的底层平幔组合缝制。

（7）车上4 cm宽的绣花花边，背面车上魔术贴。

2. 所需材料

（1）米色、红色配色布。

（2）米色、红色1 cm平底小花边。

（3）4 cm宽绣花花边、布衬。

（4）绒球花边、草莓花边。

裁剪图:

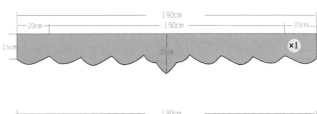

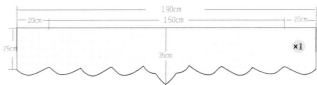

案例 59

效果图:

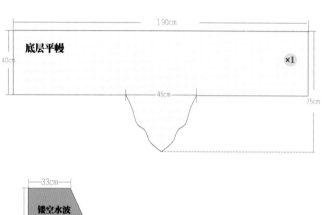

底层平幔

190cm
40cm
45cm
75cm
×1

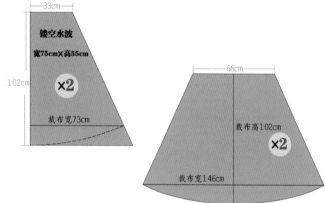

镂空水波
宽75cm×高55cm

33cm
102cm
×2
裁布宽73cm

66cm
裁布高102cm
×2
裁布宽146cm

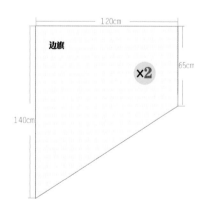

边旗

120cm
65cm
×2
140cm

帘头图:

1. 制作要点

（1）规划好水波尺寸，剪裁制作好后，在最后一个褶上垫蓝色配色布车缝，然后车上花边。

（2）剪裁平幔，底层做好里布后，将平幔面层主布烫上布衬，再用胶枪粘在底层平幔上，缝份用 1 cm 平花边粘贴处理。

（3）剪裁左右边旗，捏褶制作。

（4）将旗、平幔、水波组合缝制。

2. 所需材料

（1）配色布（咖色、浅蓝色、深蓝色）。

（2）排须花边、1 cm 平花边。

（3）布衬、吊穗。

裁剪图：

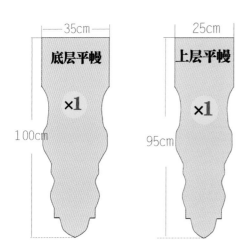

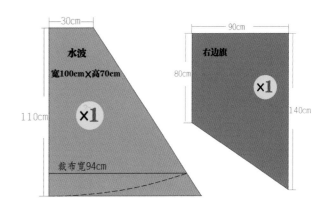

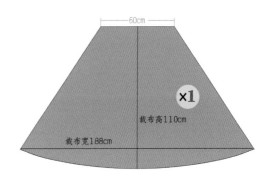

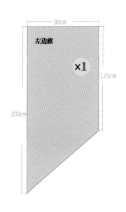

案例 60

效果图：

帘头图：

1. 制作要点

（1）将水波裁成宽 1.7 m、高 1 m 的布料，车好配色布。

（2）将车好的配色布在立体剪裁板上捏褶制作，修剪掉多余布料，车好花边。

（3）裁剪边旗，在边旗底部配色车缝。

（4）车好腰头，在腰头上定好对位点。

（5）将水波、边旗按对位点拼接缝制。

2. 所需材料

（1）意大利绒布三色（红色、咖色、绿色）。

（2）高档双层花边。

裁剪图：

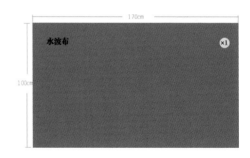

案例 61

效果图：

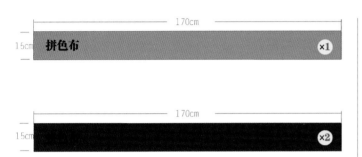

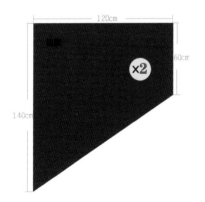

拼色布

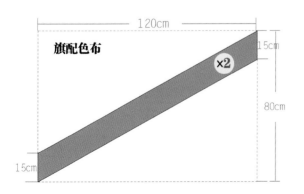

旗配色布

帘头图：

1.制作要点

（1）先用布衬裁剪好底层平幔造型，根据底层造型剪 7 cm 剪出上层平幔造型。

（2）将布烫在布衬上，沿布衬剪出造型后做底布，做底布时将金色镶边布夹在中间一起车缝。

（3）将水波用料及边旗裁剪，然后捏褶制作。

（4）水波、边旗车好花边后和平幔组合缝制。

（5）将水波下摆两个角固定在平幔背后，整出造型。

2.所需材料

（1）平纹咖色配色布、浅咖高精密布料。

（2）与主布同类咖色绒布。

（3）金色镶边绳、花边。

裁剪图：

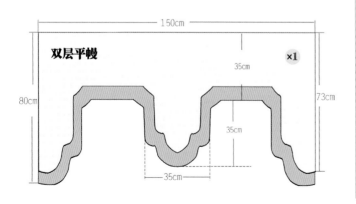

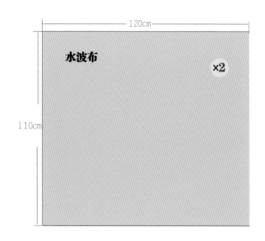

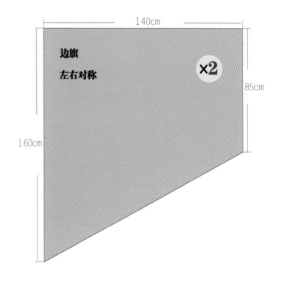

案例 62

效果图：

帘头图：

1. 制作要点

（1）将布衬剪出造型。
（2）烫上主布，把白色里子布做好。
（3）将深红色配布斜裁成 4 cm 宽布条包边。
（4）将平幔中间捏一个 12 cm 褶，左右捏一个 15 cm 褶。
（5）帘头上部做平，车上红色包边布条后，上腰头。
（6）将红色配布做好的蝴蝶结钉在平幔上。

2. 所需材料

（1）布衬。
（2）白色里子布、果绿主布。
（3）深红色配色布。

裁剪图：

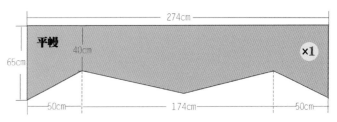

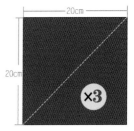

对中裁开后，再对中折叠车边，用
手工针抽褶做蝴蝶结飘带。

案例 63

效果图:

帘头图:

1. 制作要点

（1）按规格将布衬裁剪出造型。

（2）烫上主布，做好里布，锁边封口。

（3）按平幔拉出水平规格。

（4）剪裁水波，捏褶制作好后车上花边。

（5）剪裁边旗、中旗，在边旗下摆车上 6 cm 宽绣花花边。

（6）平幔、水波、中旗、边旗组合缝制后，车上腰头。

2. 所需材料

（1）布衬、白色配色布、里布。

（2）深红色配色布。

（3）绒球花边、绣花花边。

裁剪图:

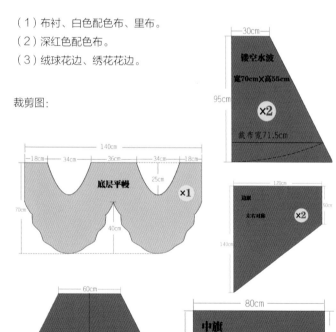

案例 64

效果图:

帘头图:

1. 制作要点

（1）将布衬剪成宽 40 cm、长 100 cm 的长方形。

（2）将主布烫在布衬上，用深咖色布做好里布。

（3）用深咖色布做 12 根长 100 cm、宽 1.5 cm 的带子。

（4）将带子、平幔用腰头车缝在一起。

（5）将平幔往上卷到合适高度后，内侧用胶枪固定。

（6）将布带在平幔底部打好蝴蝶结。

2. 所需材料

（1）布衬。

（2）深咖色配色布。

裁剪图:

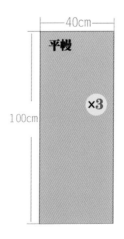

案例 65

效果图:

帘头图:

1. 制作要点

（1）将布衬裁成弧形后，烫主布，做好里布。
（2）按窗宽的 2.6 倍，剪下工字褶帘头布料。
（3）工字褶帘头比平幔短 6 cm，裁出弧形。
（4）工字褶帘头下摆包边，然后捏褶制作。
（5）平幔、工字褶帘头组合缝制，在正面车魔术贴。

2. 所需材料

（1）布衬、黄色包边布。
（2）米黄色平幔布。
（3）藏青色绒布。

裁剪图:

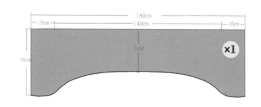

案例 66

效果图:

1. 制作要点

（1）先用布衬剪好底层平幔，烫上果绿绒布，做好里布。

（2）将主布剪出 3 个花位，烫上纸衬，捏边后用胶枪贴在平幔上。

（3）黄色绒布车一条 7 cm 宽布带，剪成 15 cm 长小段，在平幔上画好线，将布段车在平幔上。

（4）先剪裁水波、旗，然后捏褶制作。

（5）裁一片高 30 cm 的连接布，将上褶波定好点，车在连接布上，和平幔、边旗组合在一起缝制。

（6）在平幔正面压上花边，挡住布条和边旗的缝份。

（7）将布条捏成菱形褶，手工针固定后，粘上水晶扣。

（8）在平幔顶部正面车上魔术贴。

2. 所需材料

（1）布衬、纸衬。

（2）配色绒布（米黄色、果绿色）。

（3）花边、水晶扣。

帘头图:

裁剪图:

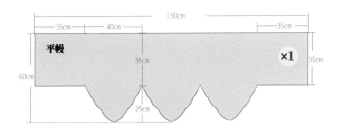

案例 67

效果图:

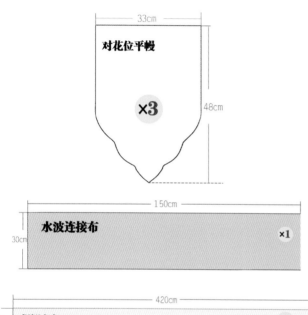

对花位平幔

×3

33cm

48cm

水波连接布

×1

150cm

30cm

捏褶布条

×1

420cm

17cm

剪出 28 段宽 7 cm、长 15 cm 布条

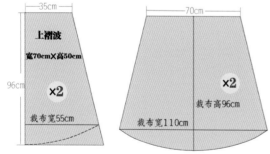

上褶波

宽70cm×高50cm

×2

裁布宽55cm

35cm

96cm

×2

裁布高96cm

裁布宽110cm

70cm

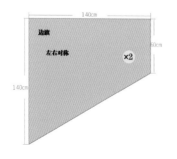

边旗

左右对称

×2

140cm

60cm

140cm

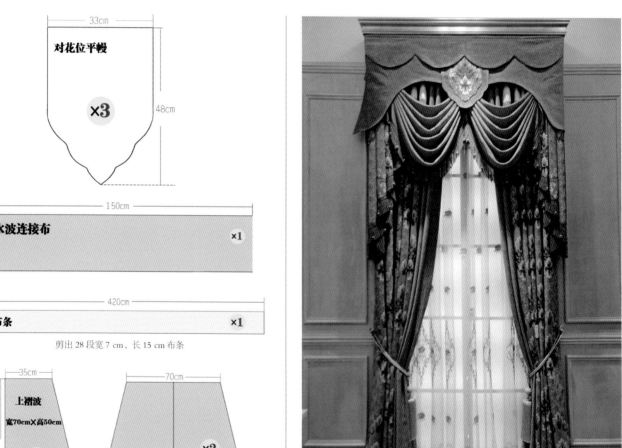

帘头图:

1. 制作要点

（1）用布衬裁剪出上下两层平幔及对花位平幔。

（2）分别烫上咖色雪尼尔布，做好里布。

（3）剪出花位，烫上纸衬，捏边后用胶枪粘在中间小平幔上。

（4）裁剪镂空上褶波、边旗，捏褶后车上花边。

（5）上下两层平幔及对花位平幔组合缝制后，在底层平幔背面定好点，将镂空上褶波及边旗固定。

2. 所需材料

（1）布衬、纸衬。

（2）咖色雪尼尔配布。

（3）花边。

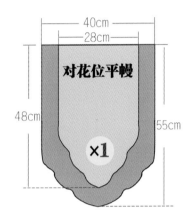

对花位平幔

40cm
28cm
48cm
55cm
×1

裁剪图：

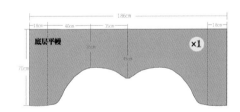

底层平幔
186cm
18cm 40cm 35cm 18cm
70cm
×1

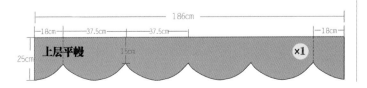

上层平幔
186cm
18cm 37.5cm 37.5cm 18cm
25cm
15cm
×1

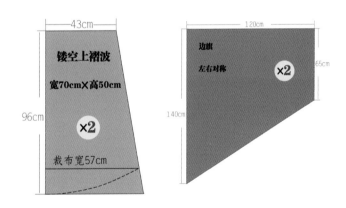

镂空上褶波
宽70cm×高50cm
43cm
96cm
×2
裁布宽57cm

边旗
左右对称
120cm
65cm
140cm
×2

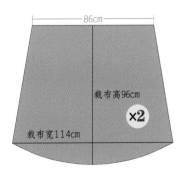

86cm
裁布高96cm
×2
裁布宽114cm

案例 68

效果图:

帘头图:

1. 制作要点

（1）用布衬剪出底层平幔，在平幔顶部往下量 15 cm 画线，将咖色雪尼尔布沿线烫好。

（2）将深蓝雪尼尔布烫在平幔顶部，烫好后在深蓝色布和深咖色布交接处用胶枪粘上绳子挡住缝份。

（3）减掉侧面部分，将平幔对中叠成四层，取一半的中间画上绳艺造型，画好后复制到另一边，用胶枪粘上绳子。

（4）剪出配色布花位、烫衬、上里布、处理好缝份。

（5）剪长 15 cm、宽 12 cm 的深蓝色雪尼尔布料 20 片，用手工针捏褶缝制成花瓣后，粘上水晶扣后粘在平幔上。

（6）在平幔底部缝上吊穗（也可在做里布时夹在中间缝制）。

2. 所需材料

（1）绳子、水晶扣、水晶吊穗。

（2）布衬。

（3）配色布（深蓝色、咖色）、B 版主布。

裁剪图:

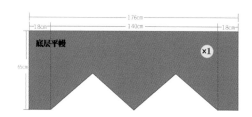

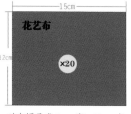

对中折叠成 6 cm 宽、15 cm 长的布条，手工针捏褶缝制。

案例 69

效果图:

帘头图:

1. 制作要点

（1）用布衬剪出底层平幔造型，做好里布后沿平幔底部车好花边。

（2）剪 12 cm 宽黄色配布，烫上纸衬后剪出弧形造型，先用金色镶边

绳沿弧度车缝之后烫平，再车缝或用胶枪粘在底层平幔上。

（3）制作镂空上褶波模板，做好分色标记后沿标记线剪开。

（4）将模板按角度分别铺在金色、墨绿布料上剪裁水波。

（5）两色布拼接后缝制水波、花边。

（6）制作高 45 cm 中旗两个，65 cm 高中旗 2 个。

（7）将双色镂空上褶波固定在平幔上，车上中旗，粘上装饰扣。

2. 所需材料

（1）布衬、纸衬。

（2）排须花边、珠子花边、装饰扣、金黄镶边绳。

（3）配色布（金黄色、墨绿色）。

裁剪图:

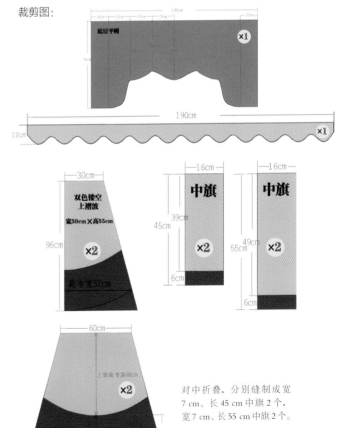

对中折叠，分别缝制成宽 7 cm、长 45 cm 中旗 2 个，宽 7 cm、长 55 cm 中旗 2 个。

案例 70

效果图:

帘头图:

1. 制作要点

（1）用纸衬左右对称剪出平幔造型，烫上 B 版配套主布，做里布（做里布时，中间夹上银色镶边线车缝）。

（2）按平幔高度测量出镂空水波规格、制作水波，车好花边。

（3）裁剪中旗、边旗，车好花边后按褶位整烫。

（4）将平幔、边旗、中旗车上套杆腰头后挂起来检查效果，并量出中间大中旗的宽、高及水波规格。

（5）制作好中间旗与水波后，在主幔高 30 cm 处正中安装。

2. 所需材料

（1）布衬、银色镶边绳。

（2）花边。

（3）B 版配布、蓝色及黄色配布。

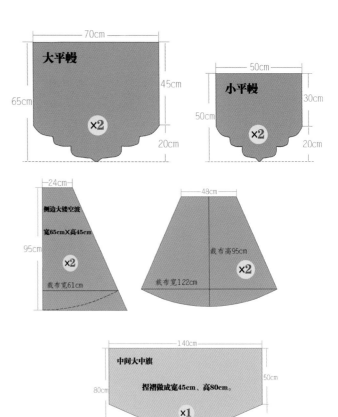

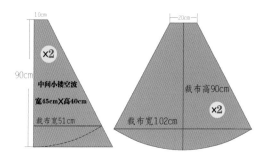

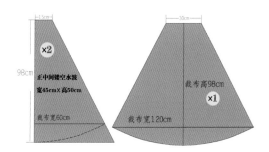

案例 71

效果图:

帘头图:

1. 制作要点

（1）确定成品窗帘的宽度、中间 B 肩的安装高度，然后按条件用铅绳拉出高升波，测量波的各个数值。

（2）按测量出的高升波各数值裁剪，然后捏褶制作。

（3）剪裁 8 cm 布条，捏小工字褶后，先垫上白色蕾丝花边再车在高升波上。

效果图：

（4）裁剪中旗及边旗，包好边后捏褶制作，整烫。

（5）水波、中旗、边旗组合缝制后车上穿杆腰头。

2. 所需材料

（1）A、B 版布料。

（2）白色蕾丝花边。

裁剪图：

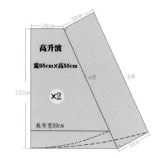

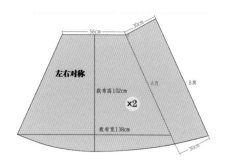

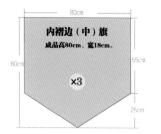

帘头图：

1. 制作要点

（1）布衬剪出平幔造型，烫上主布，做好里布。

（2）裁剪镂空水波及腰头，水波捏褶制作后拼接，车上花边、腰头对中折叠，在背面车上魔术贴备用。

（3）裁剪边旗、中旗，在边旗顶部往下 7 cm 处车两线抽带后抽皱。

（4）将腰头与平幔拼接，在平幔上定好点，将镂空上褶波固定在平幔上。

（5）将平幔、中旗沿平幔与腰头接缝处车缝固定。

2. 所需材料

（1）配色绒布（浅蓝色、红色）。

（2）布衬、花边。

裁剪图：

中旗对中折叠车缝做成宽 6 cm、高 45 cm。

效果图：

帘头图：

案例 74

效果图：

1. 制作要点

（1）布衬剪出造型，对好花位烫在主布上，做里布（制作时将小吊穗夹在中间车缝）。

（2）按窗宽乘 2.8 倍计算下料宽，剪裁底层工字褶帘头布，剪好后下摆包边，捏褶制作。

（3）将对花位平幔与工字褶帘头组合缝制后，车上腰头、魔术贴。

2. 所需材料

（1）墨绿色绒布。

（2）布衬。

（3）吊穗。

裁剪图：

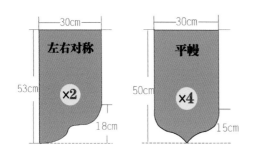

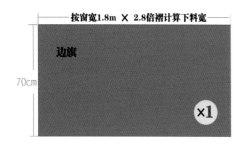

帘头图：

1. 制作要点

（1）剪出 B 版配布烫上纸衬后，剪出造型，做里布。

（2）红色小平幔烫上纸衬做里布后，底层大平幔组合缝制。

（3）主布、红色配布按窗宽乘 2.8 倍计算后下料剪裁，底边卷边车缝后用打褶压脚制作褶皱。

（4）将平幔、2 层抽皱布组合缝制后，车上腰头。

2. 所需材料

（1）纸衬。

（2）B 版布、红色配布。

裁剪图:

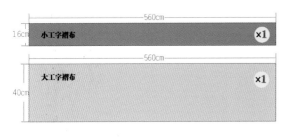

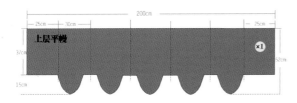

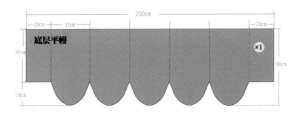

效果图:

帘头图:

效果图：

1. 制作要点

（1）按窗宽乘 2.8 倍计算下料，用条纹布剪裁工字褶帘头，锁边，捏褶制作。

（2）按工字褶帘头下料宽乘 2 倍的长、高 7 cm 的尺寸剪裁荷叶边，上下包边后捏好褶，车在工字褶帘头底部。

（3）将布衬剪好造型，烫上主布，用整烫好的包边布包边。

（4）规划好镂空上褶波尺寸，剪裁、捏褶制作。

（5）将平幔、水波顶部缝在工字褶帘头车魔术贴的缝份上固定。

2. 所需材料

（1）条纹布。

（2）布衬、紫色包边布。

裁剪图：

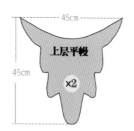

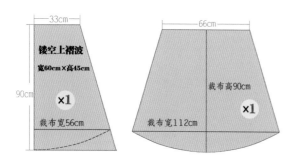

帘头图：

1. 制作要点

（1）制作一个宽 180 cm、高 25 cm 平幔，烫暗红色布做好里布。

（2）该案例为非对称帘头，两个镂空波尺寸分别规划，按双色波制作方法先制作模板、分色，然后再在主布上裁剪制作。

（3）边旗裁剪好后，裁一条宽 6 cm 的主布，烫上纸衬捏好边后，在边旗底部以上 12 cm 处车缝。

（4）制作右侧双层平幔，底层烫深红色布，做里布时中间加上吊穗，上层平幔烫主布，做好里布后，边上车上 3 cm 绣花布边。

（5）边旗、镂空水波、小平幔拼接并缝制好后，用主布制作腰头。

2. 所需材料

（1）深红色配色布。

（2）布衬、纸衬。

（3）花边、绣花布边、吊穗。

裁剪图：

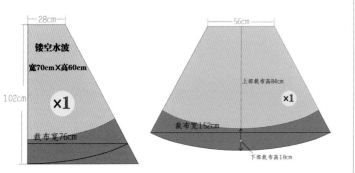

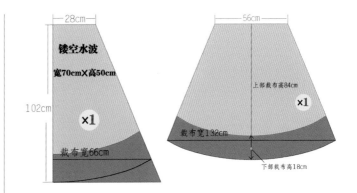

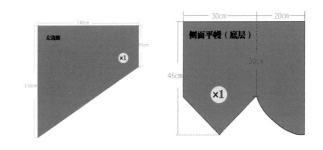

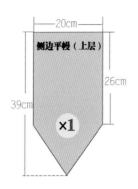

图书在版编目（CIP）数据

窗帘制作教程 / 曾裕城著 . -- 南京 ：江苏凤凰科
学技术出版社 ，2016.7
ISBN 978-7-5537-6247-0

Ⅰ．①窗… Ⅱ．①曾… Ⅲ．①窗帘－制作－教材
Ⅳ．① TS941.75

中国版本图书馆 CIP 数据核字 (2016) 第 066624 号

窗帘制作教程

著　　　者	曾裕城	
项 目 策 划	凤凰空间/杜玉华	
责 任 编 辑	刘屹立	
特 约 编 辑	杜玉华	

出 版 发 行	凤凰出版传媒股份有限公司	
	江苏凤凰科学技术出版社	
出版社地址	南京市湖南路1号A楼，邮编：210009	
出版社网址	http://www.pspress.cn	
总 　经 　销	天津凤凰空间文化传媒有限公司	
总经销网址	http://www.ifengspace.cn	
经 　　　销	全国新华书店	
印 　　　刷	广东省博罗县园洲勤达印务有限公司	

开　　　本	889 m m×1194 m m　1／16	
印 　　　张	13.5	
字 　　　数	129 600	
版 　　　次	2016年7月第1版	
印 　　　次	2017年5月第2次印刷	

标 准 书 号	ISBN 978-7-5537-6247-0	
定 　　　价	238.00元（精）	

图书如有印装质量问题，可随时向销售部调换（电话：022-87893668）。